HARALD STENZEL

Hundstage und ein reifer Bock

HARALD STENZEL

Hundstage und ein reifer Bock

Jagderzählungen

mit Illustrationen von
Klaus-Peter Reif

blv

Bibliographische Information der Deutschen Bibliothek

Die Deutsche Bibliothek verzeichnet diese Publikation in der Deutschen Nationalbibliographie; detaillierte bibliographische Daten sind im Internet über http://dnb.ddb.de abrufbar.

BLV Buchverlag GmbH & Co. KG
80797 München

Umschlaggestaltung: Anja Masuch, Fürstenfeldbruck
Umschlagfotos: Titelbild Manfred Höfer, Rückseite Klaus-Peter Reif
Illustrationen: Klaus-Peter Reif

Lektorat: Gerhard Seilmeier
Herstellung und Satz: Ruth Bost

Printed in Germany
ISBN 978-3-8354-0445-8

Vorwort

Ein bisschen Freude sollen die Erzählungen dem geneigten Leser bringen, Freude und Teilhabe an den Geschichten um Wald und Wild.

Ich hatte das große Glück, immer wieder gute Lehrer und verlässliche Freunde zu haben, von denen ich viel lernte und mit denen ich die Begeisterung für die Natur und unser Wild teilen konnte. Dabei denke ich an Walter Rabold (†), meinen Lehrer im thüringischen Gößnitz, an Eberhard Hausa, Herbert Voigt, Fred Krohne und Dr. Lutz Briedermann (†). Insbesondere bin ich natürlich meinem verehrten Mentor während des Studiums in Tharandt, Herrn Professor Karl Mißbach, zu großem Dank verpflichtet.

Die vorliegenden Erzählungen sind keine Dokumentationen, haben sich aber so oder so ähnlich tatsächlich ereignet.

Des Weiteren habe ich mich bemüht, den heute leider oft zerredeten Gedanken der Waidgerechtigkeit in unaufdringlicher Weise wieder ein wenig zu befördern. Sollte das auch nur halbwegs gelungen sein, so wäre dies der schönste Lohn.

Harald Stenzel
Lunow, im Mai 2008

Inhalt

Der Kapuziner

In den siebziger Jahren des vergangenen Jahrhunderts erlebte Deutschland – besonders im östlichen Teil – einen Winter, der so hart zuschlug, dass sämtliche Wetterstatistiken neue Rekorde zu registrieren hatten. Etwa bis zum Jahreswechsel bewegten sich alle Werte noch im normalen Bereich. Um Silvester herum schwang Petrus jedoch eine eisige Keule und Schneemassen, Frost und Sturm in kaum gekannten Dimensionen, ließen das Land buchstäblich erstarren. Der Straßen- und Bahnverkehr kam über weite Strecken zum erliegen, Stromausfälle waren an der Tagesordnung, weil die Tagebaue kaum noch Kohle förderten. Von den Ostseeinseln mussten hochschwangere Frauen mit Militärhubschraubern in die Krankenhäuser des Festlandes ausgeflogen werden, weil auch kein Schiff mehr fahren konnte.

Anfänglich hatte ich den einsetzenden Schneefall als die langersehnte »Neue« freudig begrüßt, verhieß sie doch spannende nächtliche Pirsch, auch ohne Mondschein, um die eine oder andere Sau auf die Schwarte zu legen. Die frohlockende Vorfreude verging mir jedoch bald angesichts der Schneemengen, welche unentwegt auf die Erde geschleudert wurden.

Der Gebrauch der Waffe verbot sich natürlich bald von selbst, hatten wir doch schon in der zweiten Hälfte des Januar das erste Fallwild zu beklagen. Mühsam schleppte ich Rüben und Heu ins Revier, trotzdem ich mir der Unzulänglichkeit dieses Tuns bewusst war. Einmal fand ich ein verendetes Rotkalb am späten Nachmittag. Am nächsten Tag lagen nur noch ein paar Fetzen der Decke und Knochenreste am Ort – eine Rotte Sauen hatte beinahe alles komplett in die leeren Weidsäcke geschlungen.

In unmittelbarer Nähe des Dorfes stieß ich eines anderen Tages bereits nachmittags gegen zwei Uhr auf eine Rotte – klapperdürre, ausgemergelte Gestalten, die ihre Scheu überwunden hatten und in menschlicher Nähe etwas Nahrung suchten. Mir krampfte sich das Herz bei diesem Anblick zusammen und ich intensivierte meine Fütterungstätigkeit so gut es nur ging.

Am Rande bemerkt: niemals wäre ich in dieser extremen Situation auf den Gedanken gekommen, die menschliche Hilfe für das Wild – und mag sie noch so unzulänglich sein – in Frage zu stellen. Die natürliche Auslese mag funktionieren – in natürlichen Lebensräumen, in Sibirien etwa, Kanada oder anderswo. Wir sind aber hier in Mitteleuropa und gestalten den Lebensraum des Wildes auf vielfältige Weise. Also haben wir auch Verantwortung. Da gibt es gelehrte Damen und Herren, die meinen es sei normal, wenn das Wild ab und zu verhungert, populationsregulierend gar. Diese Leute behaupten dann auch noch Tierschützer zu sein! Pharisäer, elende!

Wochenlang hielt der Winter Wald, Flur und Getier in seiner eisigen Klammer. Als gegen Ende Februar das Quecksilber in der Mitte des Tages zaghaft für kurze Zeit über den Gefrierpunkt stieg, hatte dies nur zur Folge, dass der Schnee durch nächtliches Überfrieren verharrschte und namentlich unser Rehwild noch mehr zu leiden hatte.

Böse Wochen waren das, voller Ohnmacht und Trauer. In wohl keinem anderen Jahr sehnte ich das Frühjahr mit der lebensspendenden Kraft der Sonne, blühenden Wiesen und zarten, lindgrünen Blättern an Baum und Strauch so sehr herbei.

Endlich, nach dem Mondwechsel im März, schlug die Großwetterlage um. Ein lauer Wind aus Süd, im Verein mit der kräftiger werdenden Sonne, ließen den Schnee zusammenrutschen. In der Nähe einer kleinen Blöße, auf welche ich in der tiefen Notzeit Proßholz gebracht hatte, erregten mehrere eigenartige Spitzen, die aus einer Ansammlung Restschnee lugten, meine Aufmerksamkeit. Tatsächlich, voller Freude zog ich die Abwurfstange eines Hirsches heraus der dem Siegel nach nicht mehr zu den jüngeren Semestern zählte. Augsprosse, Eis- und Mittelsprosse sowie vier Enden in der Krone. Sofort begann ich die Passstange zu suchen. Dazu lief ich zunächst ein paar hundert Meter auf den bekannten Wechseln – ohne Erfolg. Danach zog ich Kreise vom Fundort ausgehend deren Radius ich kontinuierlich vergrößerte. Aber auch diese systematische Suche brachte nicht das erwünschte Ergebnis. Also ging ich davon aus, dass der Hirsch sich mit der einseitigen Last auf seinem Haupte einstweilen arrangiert hatte und vermied es bewusst, mich in dessen Situation hineinversetzen zu wollen.

Zufrieden steckte ich die Stange in den Rucksack und vernahm plötzlich vom Himmel herunter die melodischen Rufe ziehender Kraniche. Als dann in unmittelbarer Nähe eine Amsel ihr abendliches Lied anstimmte, konnte ich nicht anders. Ich unterbrach mein Tun, setzte mich still auf einen Stamm, den der Sturm gefällt hatte und verließ den Wald erst bei völliger Dunkelheit.

Das Frühjahr setzte sich durch und bald schon wurde offenbar, wie furchtbar der außergewöhnlich lange und strenge Winter den Wildbeständen zugesetzt hatte. Insbesondere das Rehwild hatte augenscheinlich viele Stücken verloren. Als ich wie jedes Jahr im April Ausschau hielt nach den Böcken, deren Jagdzeit im Mai begann, stellte sich rasch Ernüchterung ein. Selbst auf den Flächen mit der verlockendsten Äsung trat weit weniger aus, als in den Vorjahren. Folgerichtig wurden die Abschusspläne nach unten korrigiert. Ich nahm mir vor, in diesem Jahr nur auf die aller schwächsten oder vielleicht kranken Stücke zu jagen.

Gegen Ende Mai stand ich eines Morgens an einem weitläufigen Lupinenfeld und versuchte, einen Bock, der vertraut mitten auf dem Schlag stand, anzusprechen. Aber so sehr ich mich auch mühte, was da zwischen den Lauschern wuchs, blieb ein Rätsel. Wirr war es und krumm, ein Durcheinander von Gehörnstangen und Enden. Sicher feststellen konnte ich lediglich, dass eine Stange genau in der Mitte des Hauptes auslief, axial sozusagen. Auf die weite Entfernung konnte man meinen, der Bock trüge eine Art Zipfelmütze und senkte er beim Weiteräsen das rätselhafte Gebilde nach unten, meinte ich eine Kapuze zu erkennen. Eigenartig, auf jeden Fall aber interessant und ich beschloss, der Sache auf den Grund zu gehen.

Mitten im Schlag war eine sumpfige Stelle, an der einige Weiden wuchsen. In einen der Bäume, welcher hoch zwieselte, hatte ich zwei Bretter eingepasst und eine Stange als Gewehrauflage quer angenagelt. Hinauf kam ich nur die ersten zwei, drei Meter mit einer provisorischen Leiter, von da an klomm ich von Ast zu Ast. Die ganze Konstruktion spottete jeder Unfallverhütungsvorschrift Hohn, erfüllte jedoch voll und ganz ihren Zweck – wenn man erst einmal oben war …!

So saß ich also beizeiten am Abend und suchte die gegenüberliegende Waldkante unentwegt nach austretendem Wild ab. Eine Ricke stand sehr zeitig in den Lupinen, und in einer lückigen Stelle sah ich die eingefallenen Flanken und ein pralles Gesäuge. Offensichtlich war ihre Mutterschaft noch ganz jung, denn ein Kitz war trotz angestrengter Beobachtung nicht auszumachen. Ich freute mich, nicht zuletzt über die Wochenstube mitten in den Lupinen, denn hier war nicht damit zu rechnen, dass das junge Reh Opfer landwirtschaftlicher Schneidwerkzeuge werden würde.

Ein Schnepf begann mit zunehmender Dämmerung seine Bahnen an meinem Sitz vorbei zu ziehen und kündigte sich jedes Mal bereits von weitem durch sein markantes Quorren an. Die ersten Fledermäuse jagten schattengleich über die nasse Stelle und so war dieser Abend voller Leben. Nur der Bock war nirgendwo auszumachen. Als ich schon resignieren wollte, nahm ich eine Bewegung aus dem Augenwinkel hart an meiner linken Seite wahr. Der Blick durch das Glas bestätigte sofort, dass dort der Gesuchte stand. Gar nicht weit äste er friedlich und völlig vertraut. Bis heute vermag ich nicht zu sagen, wo er herkam und wie mir das so lange entgehen konnte. Zu allem Ärger war die Dämmerung mittlerweile soweit fortgeschritten, dass an ein exaktes Ansprechen auch nicht mehr zu denken war. Angestrengt schaute ich durchs Glas bis mir die Augen tränten und sämtliche Konturen verschwammen. Ich konnte mir wieder kein Bild von der außergewöhnlichen Trophäe auf dem Haupt dieses Herrn im roten Wams machen. Nur der Eindruck mit der Kapuze verstärkte sich noch im geringen Restlicht. Der Kapuziner, durchfuhr es mich unwillkürlich, mein Bock hatte einen Namen.

Drei-, vielleicht vierjährig war er allemal – der Figur nach zu urteilen. Und wahrscheinlich hätte ich mir in anderen, normalen Jahren gar nicht so viele Gedanken gemacht und diese Chance auf eine abnorme Trophäe sofort genutzt. Aber nach diesem Winter?

Jedenfalls wusste ich noch immer nicht, was mit diesem Bock eigentlich los war. Sollte es sich um einen komplizierten Stangenbruch handeln und die Rosenstöcke in Ordnung seien, gab es nach damaliger Hegerichtlinie keinen Abschussgrund – und nach diesem Winter sowieso nicht.

Mir ist wohl bewusst, wie befremdlich sich diese Überlegungen in den Ohren jüngerer Waidkameraden anhören müssen – aber so war das nun mal. Und war das so falsch?

Mir fiel jedenfalls an jenem Abend nur noch Faust ein: »Hier steh' ich nun, ich armer Tor – und bin so schlau als wie zuvor.«

So leise es ging, baumte ich ab. Nicht leise genug, denn der Bock sprang schreckend ab, als ich irgendwo im Geäst nach unten hangelte.

Einigermaßen frustriert fuhr ich in meine Stadtwohnung, nahm mir jedoch vor, nun gerade nicht locker zu lassen und bei nächster Gelegenheit einen neuen Versuch zu starten.

Damals, jung und ungebunden, verbrachte ich die Wochenenden in einem winzigen Haus am Rande des Jagdgebietes, welches in einem ansonsten unbewohnten Vorwerk lag. Lediglich ein großer Schafstall wurde noch bewirtschaftet und zu dem zuständigen Schäfer bestand ein gutes, freundschaftliches Verhältnis. Jener hatte eine Tochter, die ihm ab und zu bei der Arbeit half. Diese steckte in einem damals gerade in Mode gekommenen Minirock und war außerordentlich gut anzuschauen. Gertenschlanke Läufe und alle anderen weiblichen Attribute, die wohlproportioniert vorhanden und nicht zu übersehen waren, ließen mich bald auf Ideen kommen. Ich näherte mich ihr mit Absichten, auf die junge Kerle nun mal ab und zu kommen. Zugegebenermaßen ließ ich an deren Eindeutigkeit auch bald keinen Zweifel aufkommen, zumal die bei mir ankommenden Signale ermutigend waren. Bald fuhr ich also nach dem Büchsenlicht noch ins benachbarte Dorf zum heimlichen Schäferstündchen – beinahe im buchstäblichen Sinne. Dort wurde ich dann auch von dem lieben Mädel aus der elterlichen Speisekammer hin und wieder verpflegt. Selbst hergestellter Schinken und gute Bauernwürste standen mir nun öfter zur Verfügung, ein durchaus willkommener Nebeneffekt.

Dann bekam die Sache einen Haken. Die junge Dame wollte nicht mehr einsehen, dass ich im Dunkeln kam und vor Tau und Tag wieder verschwand. Alle meine Erklärungsversuche, dass die beste Zeit zum Jagen nun einmal in der Dämmerung früh und abends lägen, fruchteten nicht. Die Verbindung hielt zwar noch wurde jedoch durch eine latente Spannung überschattet.

Im Juni, etwa in der Zeit der kürzesten Nächte, versprach ich feierlich, nach dem Abendansitz pünktlich zu kommen und auf die morgendliche Pirsch zu verzichten.

Also saß ich des Abends, hielt nach dem Kapuziner Ausschau, sah alles mögliche – nur meinen Bock nicht. Etwas zeitiger als sonst baumte ich ab und ging zu meinem Motorrad. Die Ernüchterung folgte auf dem Fuße – das vordere Rad hatte einen Platten. Mit der Luftpumpe mühte ich mich, den Schaden zu beheben, um wenigstens bis ins Dorf zu gelangen – vergeblich, der Schlauch hatte ein Loch und Flickzeug hatte ich nicht mit. Jetzt war guter Rat teuer. Schob ich das Gefährt, so brauchte ich eine reichliche Stunde, um erst einmal bis zum Jagdhaus zu gelangen. Von dort hätte ich laufen müssen, was eine weitere Stunde in Anspruch genommen hätte, da der Ort mit dem wartenden Mädchen in der anderen Richtung lag. Zweifellos wäre ich weit nach Mitternacht eingetroffen und vermutlich gleich zum Teufel gewünscht worden.

Ich beschloss also, mit ein wenig schlechtem Gewissen und etwas Unbehagen, das Beste aus der Situation zu machen und im Wald zu bleiben.

Unter einem kleinen Fichtenhorst baute ich mir – dem Kessel eines Schwarzkittels nicht unähnlich – ein Lager aus Zweigen und Gras und rollte mich zusammen. Nun lag ich da und hatte statt des geschmeidigen, warmen Leibes einer jungen Frau den starren, kalten Lauf des Drillings im Arm. Trotzdem schlief ich bald ein, wurde aber nach wenigen Stunden munter. Klamm war ich und steif in den Gelenken. Ein paar gymnastische Übungen schafften jedoch rasch Abhilfe. Der neue Tag gewann zaghaft sein erstes Licht, und ich begann vorsichtig die morgendliche Pirsch.

Als ich leisen Schrittes ein Kiefernstangenholz erreichte, vernahm ich aus diesem Geräusche, die ich zunächst keinem Wild zuzuordnen vermochte. Es war schabend, kratzend, dann wieder erdwühlend und ab und zu trappelnd. Ich repetierte im Kopf so ziemlich alles, was ich bisher in Wald und Flur gehört hatte – hierauf konnte ich mir jedoch keinen Reim machen. Endlich sah ich eine rundliche Gestalt, nicht hoch gebaut in der Nähe eines alten Stubbens eifrig graben. Identifizieren konnte ich das Tier immer noch nicht, zumal es in den wohl selbst gegrabenen Löchern immer wieder verschwand. Länger warten wollte ich indessen auch nicht mehr, da ich baldmöglichst den Rand des Feldes zu erreichen trachtete. Also brach ich mit lautem Knacken einen trockenen Ast mittendurch, was mein Gegenüber veranlasste, sofort aufzuwerfen und in meine Richtung zu äugen.

Fast hätte ich laut gelacht. Im Fernglas erkannte ich einen spitz zulaufenden Kopf mit Streifen in den Preußenfarben schwarz und weiß, Schmalzmann – der Dachs. Ich spürte förmlich den Unwillen, mit dem er wackelnd die Szenerie verließ, dabei immer wieder einmal verhoffend und rückwärts äugend. Innerlich entschuldigte ich mich bei dem sympathischen Eierdieb, dass ich ihm das Frühstück verdorben hatte und schwenkte den Hut zum Gruße.

Am Rande des Waldes angekommen, stellte ich mich zunächst an eine Birke, die in erhöhter Position stand und leuchtete den Schlag ab. Das Licht war hier im freien Gelände schon ausreichend, um alle Details genau ausmachen zu können. So bekam ich auch gerade noch mit, dass eine Rotte Sauen mehrere hundert Meter entfernt eben dabei war, zu Holze zu ziehen. In der Nähe des Weidensitzes erspähte ich eine Ricke und ging davon aus, dass es die junge Mutter war, die ich Tage zuvor von jenem Sitz aus beobachtet hatte.

Nach weiterem Abglasen der Fläche wurde ich endlich einer weiteren Rehdecke gewahr, die in der dichtesten Vegetation nur als Fleck erschien. Aber bald hob das Stück sein Haupt und sofort erkannte ich den gesuchten Kapuziner.

Freunden hatte ich, zwischenzeitlich ratsuchend, von dem Bock mit der mysteriösen Krone zwischen den Lauschern erzählt und unisono waren alle der Auffassung, dass ich das Stück strecken sollte. Der Ehrlichkeit halber muss ich zugeben, dass mir diese Einstellung entgegenkam. Diese seltene Trophäe wollte ich doch zu gern haben. Dabei überlegte ich damals schon, dass es eher unwahrscheinlich wäre, so ein interessantes Gehörn in absehbarer Zeit wieder erbeuten zu können. Dies hat sich bestätigt – und wie! Über dreißig Jahre ist das her und bei den vielen Geweihen und Rehkronen, die ich seither aus Wald und Flur nach Hause bringen konnte, ist eine solche Abnormität nie wieder in dieser ausgeprägten Form dabei gewesen.

K.-P. Reif

Der Bock stand also mitten im Feld, zog aber langsam Richtung Waldrand. Ich pirschte noch etwa sechzig oder siebzig Schritt vor an eine Stelle, wo das leicht kupierte Gelände mir einen kleinen Hügel bot, von welchem ich sehr guten Einblick in die Lupinen hatte. Es mag etwa zwanzig Minuten gedauert haben, da erreichte das Stück eine Stelle, wo die Frucht nur sehr spärlich wuchs. Ich strich die Waffe an einem Stamm an und als mein Bock breit stand und das Blatt unverdeckt war, zögerte ich nicht mehr, stach ein und ließ fliegen. Noch im Zielfernrohr sah ich wie er augenblicklich in die Pflanzen geworfen wurde. Einige Stängel wurden noch ganz kurze Zeit hin und her bewegt, vermutlich durch ein letztes Schlegeln.

Ich wartete die obligatorische Zigarettenlänge ab, wobei sich sicher jeder Waidmann vorstellen kann, wie gespannt ich gerade in diesem Fall war, an das gestreckte Stück endlich herantreten zu können. Dann stand ich vor dem gestreckten Bock und freute mich angesichts der Trophäe über die Maßen. Eine wörtliche Beschreibung dessen, was ich sah ist schwierig – ich will es dennoch versuchen: Die linke Stange des Gehörns knickt wenige Zentimeter oberhalb der Rose nach hinten und ein wenig nach innen ab. Dann bricht sie ab, wobei an der Bruchstelle eine etwa korkenartige Verdickung entstanden ist, die eine ähnliche Verdickung der rechten Stange praktisch berührt. Die rechte Stange biegt sich ebenfalls nach innen und ist dann angebrochen. Die Bruchstelle ist hier eher flächig ausgebildet, wobei am Rand mehrere, kleine endenartige Auswüchse entstanden. Dann schiebt sich diese Stange zunächst nach unten, um anschließend mit starkem Schwung und einem gewaltigen Korkenzieher in der Achse des Schädels nach oben auszulaufen. Vermutlich ist dieses ganze Gebilde in Folge einer Bastverletzung entstanden.

Jedenfalls verstaute ich den Bock voller Freude im Rucksack, nachdem ich ihm den letzten Bissen und mir einen Bruch auf den Hut gegeben hatte. Vorher hatte ich noch dankbar am Stück gesessen und die morgendliche Stimmung auf mich wirken lassen.

Der Rückweg erschien mir, trotz Schieben des Zweirades und der Last im Rucksack, gar nicht so schwer und lang. Im Jagdhaus fand ich Flickzeug für den Reifen, reparierte diesen, wusch mich und braute mir einen extrastarken Kaffee. Dann folgte der Gang nach Canossa, will heißen, ich fuhr ins Dorf, um die Stimmung der versetzten jungen Dame zu erkunden und mich zu erklären.

Dazu kam ich aber gar nicht. Kaum meiner angesichtig geworden, lief das sonst strahlende Gesicht rot an, verzerrte sich zur wütenden Grimasse und schleuderte aus den normalerweise sanften Augen eisige Blitze. Zudem wurde ich mit einem Wortschwall übergossen, der an Deutlichkeit und Lautstärke nichts zu wünschen übrig ließ. Meine Erklärungsversuche wurden bereits im Ansatz von immer neuen Schimpfkanonaden erstickt, wobei das eingesetzte Vokabular aus diesem süßen, kirschroten Munde eigentlich undenkbar war. Dann reichte es: Ich bemühte meinerseits einen Vergleich mit einem horntragenden, wiederkäuenden Nutztier, das praktischerweise nebenan auf der Weide stand, wendete mein Gefährt und knatterte von dannen. Ich beschloss, dass dies trotzdem ein guter Tag war – schließlich hatte ich den Kapuziner gestreckt. Nur die Erinnerung an deftige Wurst- und Schinkenstücke brachte den Wermutstropfen ins Glas …

C'est la vie.

Alles nur Zufall?

Manchmal erlebt man Dinge, die verblüffen und nicht rationell erklärbar sind. Gemeinhin wissen wir ach so aufgeklärten Menschen des 20./21. Jahrhunderts für alles und jedes eine Erklärung, und wenn gar nichts mehr hilft, ist es eben Zufall. So bringen wir schnell und mitunder oberflächlich unser Weltbild wieder in Ordnung. Ich weiß dennoch von Begebenheiten zu berichten, denen ein Geheimnis innewohnt oder die mindestens so ungewöhnlich sind, dass keine einfache Antwort zu haben ist. Von einer solchen will ich hier erzählen.

Anfang der 90er Jahre des vorigen Jahrhunderts hatte ich beruflich in Schweden zu tun und verliebte mich sofort in dieses wunderschöne, große Land. Je weiter ich nach Norden kam umsomehr begeisterte mich die großartige Natur, die Weite und die Freundlichkeit der Menschen. Als passionierter Jäger wuchs schnell der Wunsch, hier einmal jagen zu dürfen. Es sollten aber noch zwei Jahre vergehen, bis aus dem Traum Realität wurde.

Im September 1994 endlich waren wir zu viert aufgebrochen. Meine drei guten Freunde, allesamt gelernte Forstleute wie ich auch, waren genauso gespannt und hoffnungsfroh. Wir fuhren schon recht weit nach Norden in eine Provinz namens Jämtland. Diese Landschaft ist für unsere mitteleuropäischen Augen nicht mit einem Blick erfassbar. Viele Dinge sind nur in Superlativen zu beschreiben. Dazu fehlt hier die Zeit und auch der Platz.

An einem der letzten Tage bezog ich meinen Stand – weit oben in den Bergen – in einer Gruppe von wenigen Birken, die auf einem Hochfjäll trotzig den hier herrschenden rauen Witterungsbedingungen widerstanden hatten. Ringsum erstreckten sich auf einem riesigen Hochplateau nur Moor, Sumpf und Grasflächen.

Lediglich in südlicher Richtung streckte der Wald an den Lehnen des Berges eine letzte zungenförmige Baumgruppe aus Fichten und Birken in Richtung meines Standes.

Es herrschte absolute Stille. Der Himmel strahlte verschwenderisch im feinsten Azurblau, die Herbstsonne verwandelte die goldenen Birkenblätter und die tiefgrünen Fichtenzweige in eine berauschende Farbenpracht. Das alles tat den Augen und der Seele gut, vermittelte Harmonie und eine stille innere Freude. Es sind jene Minuten die der Waidmann kennt – man müht sich diese Stimmung nicht durch eigene Geräusche zu zerstören. Leise richtete ich mich also auf meinem Stand ein, entfernte vorsichtig einige Ästchen und Zweige, die mich beim Schauen und eventuellem Schießen hätten hindern können. Dann setzte ich mich ins trockene Gras am Fuße einer Birke und genoss den grandiosen Blick auf die Berge. So verging wohl eine Stunde oder mehr und nur einmal hörte ich ganz von Ferne einen Hund Laut geben. Ich hing meinen Gedanken nach und schätzte mich als glücklichen Menschen ein, überhaupt an diesem zauberhaften Ort sitzen zu können.

Irgendwann fing wohl Freund Morpheus an, mich in seine Arme zu schließen. Es war kein richtiger Schlaf, nein, wohl eher ein leichtes, süßes Dämmern in der warmen Herbstsonne. Mag sein, dass auch der eine oder andere gute Tropfen, den wir am Vorabend in froher Runde genossen hatten, ein Übriges tat.

Ein Geräusch hatte ich nicht gehört, auch keine Bewegung wahrgenommen. Und dennoch erschien mir in der gegenüberliegenden Waldspitze etwas verändert zu sein. Hinter der mir am nächsten zustehenden Birke war der Raum irgendwie voller, standen die Stämme dichter. Plötzlich meinte ich, auch das Haupt eines Elches ausmachen zu können. Obwohl ich augenblicklich hellwach war und mir das Herz bis zum Halse schlug, besaß ich doch soviel Erfahrung und Selbstbeherrschung, um an meiner Körperhaltung zunächst gar nichts zu ändern. Erst nach Minuten wagte ich das Fernglas, welches mir auf der Brust hing, millimeterweise und mit Pausen noch in dieser winzigen Bewegung, an die Augen zu nehmeln. Tatsächlich, ein Stangenelch, offensichtlich ein Jährling, stand genau spitz hinter der letzten Birke. Die elegant wirkenden hohen, weißen Läufe konnte man im Wechselspiel von Licht und Schatten in diesem gemischten Jungbestand von Birken und Fichten durchaus für Birkenstämmchen halten. Der hohe, braune Rumpf verschmolz dabei mit den dunklen Fichtenhorsten der Umgebung

Endlich, nachdem aus weiter Ferne wieder ein kurzes Anschlagen eines Hundes zu hören war, wendet der Elch sein Haupt nach hinten. Diese Zeit nutzte ich, um einerseits mein linkes Knie an den Körper heranzuziehen, um mir so eine passable Auflage für das Gewehr zu schaffen. Gleichzeitig fasste ich mit der rechten Hand und einem schnellen Griff den bewährten Stutzen, der bis dahin unverändert neben mir am Baum lehnte. Kaum hatte ich die Bewegungen ausgeführt, äugte das imposante Tier wieder in meine Richtung wie zuvor. Schon fürchtete ich, dass er die Veränderung in meinem Versteck bemerkt haben könnte, denn ich glaubte, eine kurze Bewegung eines Vorderlaufes und ein kaum merkliches Heben des Hauptes gesehen zu haben, das auf Beunruhigung schließen ließ. Doch nichts geschah, der braune Geselle äugte nur unverwandt in meine Richtung.

Der Stutz lag fest an der Schulter, der Zielstachel des Fernrohres war ruhig auf dem Stich – also der Brust des Tiers – ausgerichtet. Nun ist natürlich völlig klar, dass ein Schuss auf den Stich verantwortungsbewussterweise nur in Ausnahmefällen zulässig ist. Jeder waidgerechte Jäger wird das berücksichtigen – ich natürlich auch. Wenn dieser Schuss aber exakt sitzt, führt er beinahe augenblicklich zum Tod und erspart Schmerz und Leiden.

Im vorliegenden Falle war ich meiner Sache sicher – die Entfernung war nicht weit und die breite Brust eines Elches ist ein ausreichendes Ziel. Ich hätte den Schuss gewagt, wenn – ja wenn –

Mutter Natur mich nicht auf die Probe gestellt hätte. Beim Blick durch das Zielfernrohr sah ich, dass das Stämmchen der Birke, hinter der der Elch stand, etwa diagonal über dieselbe ragte. So war das Ziel teilweise verdeckt. Was nun?

Der Elchbulle stand unverändert am Fleck – wie aus Stein gehauen. Beim Blick in die sprichwörtliche Röhre jagten mir alle möglichen Gedanken durch den Kopf. »Schieß nicht«, sprach der Waidmann in mir, »der Birkenstamm lenkt das Geschoss ab und du verletzt das Tier nur!«

Aber da war noch eine andere Stimme. »Er steht doch nur wenige Zentimeter hinter dem Stamm«, flüstert der andere, »und wenn du ein wenig nach links hältst, kommt das Geschoss noch knapp am Holz vorbei.«

»Hör auf an solche zweifelhaften Kunststückchen zu denken«, sagt der Waidmann wieder, »vielleicht stellt er sich noch breit und dann kannst du schießen.«

»Dummes Zeug«, sagt der andere, der Versucher, vielleicht sollten wir ihn Samiel nennen, »wann kommt so eine Gelegenheit auf einen Elch schon wieder. Bist dir doch sonst deiner Schüsse sicher!«

Während mir die Gedanken durch den Kopf rasten, war mir der Schweiß ausgebrochen und auch die Hand ein wenig erlahmt. Also setzte ich die Waffe vorsichtig ab und wischte mir den Schweiß von der Stirn. Da plötzlich kam Bewegung in den Elch. Er wendete sich halb und trollte mit diesen unvergleichlich langen Schritten seitlich aus dem Wäldchen heraus. Mit einem Sprung, den ich mir selber kaum zugetraut hätte, war ich aus meiner Deckung und im Anschlag. Gerade noch sehe ich den Elch die letzten, schützenden Bäume verlassen, da ändert er erneut die Richtung und geht mit großen, raumgreifenden Fluchten talwärts ab. Ich sehe ihn nur genau spitz von hinten – aussichtslos für einen sauberen Schuss.

Zunächst verspürte ich eine eigenartige Leere in meinem Kopf. Dann war ich doch froh, auf den Schuss verzichtet zu haben.

Dennoch ließ mich der Gedanke an das Erlebte nicht mehr los – und zwar ein ganzes Jahr lang. Wann immer ich eine Minute Zeit hatte, über jagdliche Dinge nachzudenken, kam mir die Begegnung mit dem urigen Wild in den Sinn und die beiden Kontrahenten in meinem Kopfe stritten leise weiter.

Na gut, wird mancher denken, ganz hübsch, die Geschichte, aber worin soll nun das Besondere, gar Geheimnisvolle, liegen? Gemach, geneigter Leser, die Sache sollte eine ungeahnte Fortsetzung haben.

Interessant erscheint mir die Interpretation des bisherigen Geschehens durch einen guten Freund, die ich deshalb an dieser Stelle einfügen will, obwohl sie mitnichten der Wahrheit entspricht. Sie lässt sich etwa wie folgt zusammenfassen: »Du hast aufgrund erhöhten Alkoholgenusses am Vorabend schlecht geschlafen, dann einen Elch halluziniert, dessen weiße Vorderläufe tatsächlich nur Birkenstämmchen waren und dessen Körper aus einer zufälligen Ansammlung von Fichtengeäst und Schattenrissen bestand.« Im Übrigen sei ich nur deshalb aufgesprungen, weil ich vielleicht von Ameisen traktiert wurde und meine Füße eingeschlafen seien. Ich lasse das unkommentiert stehen.

Tatsächlich erreichte mich im Laufe des folgenden Winters erneut eine Einladung aus demselben Revier für eine herbstliche Jagd auf Auer- und Birkwild sowie den Elch. Es brauchte keiner langen Überlegung und nach Rücksprache mit den Freunden wurde die Reise festgemacht.

Wieder war es Herbst, das Laub der Bäume spielte in seidiger Luft in den flammendsden Farben und all dies wurde überkrönt von weitem, blauem Himmel. Beim obligatorischen vorabendlichen Essen wurden spannende Jagdgeschichten erzählt, deren besondere Würze darin lag, dass sie in den verschiedensten Regionen unseres Kontinents stattgefunden hatten. So erzählte der Deutsche von nächtlicher Pirsch auf den heimlichen Keiler, während der Schwede von ursprünglicher Jagd auf Elch und Bär zu berichten wusste.

So sehr ich diese Stunden sonst genieße – ich war nicht recht bei der Sache. Einer Eingebung folgend hatte ich den Jagdleiter gefragt, ob denn jener Revierteil wieder mitbejagt würde, in welchem ich im Vorjahr das einprägsame Erlebnis hatte. Ja, meinte er, und ich könne auch gern wieder an jener Stelle sitzen, wenn ich das möchte. Freilich glaubte ich einen Anflug von mitleidigem Spott über das deutsche Elchjagdgreenhorn in seinem Mienenspiel zu entdecken – wer wollte es ihm verübeln. Nicht das ich ernsthaft damit rechnete, ausgerechnet an jenem Stand zu Schuss zu kommen, nein, aber die Möglichkeit bestand immerhin und außerdem war es einfach ein wunderschöner Platz.

So bezog ich also meinen Sitz in den Birken wie im vorigen Jahr und erfreute mich nicht weniger an der wunderbaren Umgebung. Ein paar Schneehühner purrten vorbei und ich beobachtete aus nächster Nähe zwei von den nordischen Hähern, die unserem Eichelhäher in Größe und Gestalt so ähnlich sind. Nur das Gefieder spielt in Braun- und Rottönen. Diese possierlichen Tierchen sind bemerkenswert zutraulich und nähern sich dem Menschen auf wenige Schritte, weshalb sich Legenden und Mythen um sie ranken.

Alsbald nachdem ich meinen Platz eingenommen hatte, bekam ich Besuch von einem der schwedischen Elchhunde. Der machte einen eher gelangweilten Eindruck. Nachdem ich die mitgebrachte Knackwurst brüderlich mit ihm geteilt hatte, bat ich ihn höflich, doch in den Wald zurückzukehren und womöglich einen Elch zu suchen. Er quittierte mein Ansinnen zunächst mit einem zweimaligen herzhaften Gähnen, entschloss sich dann aber doch, angesichts der nun fehlenden Knackwurst, meiner Bitte Folge zu leisten. Nachdem er in gefährlicher Nähe meines rechten Stiefels noch seine Duftmarke hinterlassen hatte, trollte er sich talwärts.

Ich dämmerte diesmal nicht vor mich hin. Stets war ich hellwach. Dennoch stand plötzlich und wie aus dem Nichts erschienen ein Elch an der letzten Birke – wie im Vorjahr. Nur – diesmal stand der Elch nicht spitz und hinter der Birke, sondern breit und vor dem Stamm. Im Zeitlupentempo griff ich den Stutzen, legte ihn an die Schulter, visierte Mitte Blatt und schoss.

Der peitschende Schuss zerstörte den Frieden der Bergwelt und hallte noch lange nach. Der Bulle fiel augeblicklich auf die Seite und rührte keinen Lauf mehr. Zur Sicherheit repetierte ich sofort die nächste Patrone in den Lauf und blieb im Anschlag – unnötigerweise, wie sich zum Glück herausstellte. Dieser große, nordische Hirsch war augenblicklich verendet.

Entblößten Hauptes trat ich an den Elch. Gern gestehe ich zu, dass ich eine gewisse Ergriffenheit verspürte. Ich weiß natürlich, dass es heutzutage Einstellungen gibt, die solche Verhaltensweisen als sentimental, mindestens aber unzeitgemäß abtun. Für diese Leute ist Ausübung der Jagd offensichtlich eine rein rationale Sache. Ich halte diese Entwicklung für grundfalsch. Wer keine Achtung vor der Kreatur, der Schöpfung meinethalben empfinden kann und dies auch in angemessener Form einmal zum Ausdruck bringt, hat nicht nur ein emotionales Defizit. Wie auch immer, wer mich belächelt mag dies immerhin tun. Es ficht mich nicht an.

Nachdem ich eine Weile bei meinem Elch saß und das Erlebte Revue passieren ließ, stellte ich fest, dass ich auf den Tag genau, beinahe auf die Minute genau und auf den Quadratmeter genau ein Jahr später diesen Elch schoss. Auch der Elch selbst glich jenem des Vorjahres exakt – Stangenelch, Jährling mit gegabelten Spießen, obwohl natürlich klar ist, dass dies nicht dasselbe Tier sein konnte. Dennoch – wenn ich mir die Weite der Landschaft vor Augen führe und wenn es wahr ist, dass Elche nur selten Wechsel einhalten, so verfalle ich immer wieder in tiefe Nachdenklichkeit.

Alles nur Zufall?

K. P. Reif

Der Prahlhans

Gelehrte Leute sagen, Vergleiche zwischen menschlichem Verhalten und dem von Tieren seien, wissenschaftlich betrachtet, höchst unzulässig, im philosophischen Sinne gar ein Sakrileg. Für die einen ist unsere Spezies die Spitze der Evolution, für andere die Krone der Schöpfung und für Weitere alles beides. Lässt man die wissenschaftliche Betrachtung jedoch einmal weg, gibt es durchaus Parallelen – und Ausnahmen.

Jeder Jagdeleve lernt beizeiten, dass es innerhalb der Bestandesstrukturen unseres Schalenwildes Hierarchien gibt, die in der Regel strikt eingehalten werden. Der junge Rehbock achtet von selbst darauf, sich dem älteren Revierinhaber nicht zu nähern, wohl wissend, dass dieser ihn ansonsten seine Stirnwehr in die jugendlichen Weichteile treiben würde oder ihn bis dahin jagen wo Bartel den Most holt. Der geringe Rothirsch jüngeren Semesters bleibt im respektvollen Abstand zum Brunftrudel, weil er nicht riskieren will, vom gewaltigen Platzhirsch im besten Fall Schmisse zu beziehen, mitunter aber auch ohne ein Gramm Blei oder dessen Ersatz aus des Jägers Schießgerät auf der Strecke zu bleiben.

Nun pulsiert das junge Leben bei Mensch und Tier aber besonders heftig und das ist natürlich völlig in Ordnung so. Was soll aber einer machen, der noch nichts zu melden hat, vor Saft und Kraft aber nur so strotzt? Vor allem eines will er: Beachtet, wahrgenommen werden, sich ausprobieren!

Für unsere Spezies hat die moderne Zeit eine ganze Palette geschaffen, deren sich junge Menschen bedienen können, um aufzufallen. Es ist noch nicht so lange her, da ließ man sich die Körperbehaarung so lang wachsen, dass eine Unterscheidung dem Geschlecht nach nur in unmittelbarer Nähe der Person und bei Tageslicht möglich war. Es soll da schon peinliche Verwechselungen gegeben haben. Nicht viel später und das andere Extrem wurde Mode. Die Haare wurden ratzekahl entfernt und begünstigt durch Klimawandel und erhöhter Sonnenscheindauer, liefen die jungen Leute Gefahr, dauerhafte Schäden am Haupt und dessen Inhalt zu erleiden. Wieder andere färbten sich oberhalb der Ohren, in allen Farben des Regenbogens und entsprechenden Zwischentönen. Daneben kann man aber auch Leuten begegnen, deren Schädelbedeckung dem Gefieder einer Fasanenhenne in der Mauser auf verblüffende Weise ähnelt.

Was soll nun der arme, jüngere Rehbock unternehmen, um Aufmerksamkeit zu erwecken? Nicht einmal suhlen kann er, wie sein großer Vetter, der rote Hirsch. Jener wälzt sich bis spät in den Herbst hinein im dunklen oder braunen Schlamm und hat sofort, neben dem Wohlfühleffekt, ein neues »Outfit«, wie das urdeutsch heißt.

Auffallen ist also jugendliches Vorrecht, bei Mensch und Tier. Die Verhaltensforschung bezeichnet dieses Phänomen als »Jugendliches Imponiergehabe«. Einen Bock, der dies unter Gefahr für Leib und Leben ausreizte, habe ich an einigen Sommerabenden vor Jahren beobachtet.

Es mag Ende Juni oder Anfang Juli gewesen sein, die langen warmen Tage und kurzen Nächte boten reichlich Zeit für abendlichen Ansitz und morgendliche Pirsch. Dennoch kam ich eines Abends recht spät ins Revier und strebte geradewegs auf einen kleinen Hochsitz am Rande eines Weizenschlages zu, um auf Sauen zu passen, die in der Frucht zu Schaden gingen. Als ich die Leiter etwa zur Hälfte erklommen hatte, bemerkte ich bereits eine leuchtend rote Decke im Getreide. Ich verhielt also auf halbem Wege nach oben, meinte aber, dass das Stück Rehwild meine Kletterei nicht bemerkt und demzufolge auch nicht übel genommen hatte. Als das Haupt wieder in die Halme eintauchte, stieg ich die wenigen verbliebenen Sprossen schnell hinauf, hängte den Rucksack über einen der hinteren Holme, legte den Drilling neben mich auf die Sitzfläche und griff zum Fernglas. Gerade noch rechtzeitig, denn kaum hatte ich die Optik vor Augen, erschien das Haupt des Rehs wieder über den Halmen. Ein jüngerer Bock, zweijährig sprach ich ihn auf den ersten Blick an. Als dieser ein paar Schritte weiterzieht, kann ich auf einer lückigen Stelle auch den Rumpf sehen und werde in meiner Altersansprache bestätigt. Auf hatte der schon deutlich über Lauscherhöhe, auch ganz ordentlich vereckt mit allerdings schwachen Stangen auf hohen Rosenstöcken.

Als ich schon meinte, mein Aufbaumen sei unbemerkt geglückt, stellt sich der Bock mit dem Haupt geradewegs in meine Richtung und fängt zu meinem Ärger an zu schrecken. Damit hörte der auch nicht auf, äugt nur unverwandt und schreckt hin und wieder. Ich kam mir vor wie bei einer Theateraufführung, bei der ich zu spät kam. Der Schauspieler in der Hauptrolle unterbricht sein Spiel und ruft empört in die Loge hinauf, wo ich denn jetzt noch herkäme. Nun konnte ich mich ja schlecht lauthals für mein ungebührliches Benehmen entschuldigen, blieb also stocksteif sitzen und hoffte nur, dass sich der Schreihals bald beruhigen möge. Das machte der auch nach mir ewig vorkommenden Minuten, in denen ich aber, auf Grund meiner absoluten Regungslosigkeit, ein Opfer massiver Mückenattacken geworden war. Schließlich zog der junge Herr tiefer ins Getreide hinein und war bald hinter einer Kuppe verschwunden.

Nun hoffte ich, dass das vorlaute Reh nicht alles andere anwechselnde Wild vergrämt hatte. Noch war Zeit, aber auch dieser lange Sommerabend neigte sich langsam zur Übergabe der Macht an die kurze Nacht. Nach einer weiteren Viertelstunde zeigte sich ein Fuchs an der Getreidekante, dürr, abgerissen und mit eingefallen erscheinenden Flanken. Eine Fähe offensichtlich, die durch die Versorgung ihres Gehecks abgekommen war.

Nicht viel später und hinter meinem Rücken krachten und prasselten plötzlich trockene Äste. Hin und her ging irgendein Gejage, bis eine geringe Sau im Getreide stand und meine Hoffnung zur Gewissheit wurde. Drei weitere gesellten sich dazu – eine Überläuferrotte. Die sicherten auch nicht lange, sondern taten sich gleich am Getreide gütlich. Das Ganze spielte sich nur etwa dreißig Meter neben meinem Sitz ab und so nahm ich vorsichtig den Drilling, verhielt ab und zu in der Bewegung bis ich die Waffe endlich angebackt hatte. Ich entsicherte, stach ein und wartete. Ein Stück war deutlich schwächer als die anderen drei, das wollte ich strecken, sobald es breit stand und nicht von Halmen verdeckt war. Es gab einige Fehlstellen und Fahrspuren von landwirtschaftlichen Maschinen, das Licht war noch gut und so konnte ich warten. Langsam zog die Rotte weiter, das erste Stück passierte eine Fahrspur. Hochkonzentriert wartete ich, bis der geringste der Überläufer sich anschloss. Als ich im Zielfernrohr sah, wie sich das Haupt und das Blatt in die schmale Lücke schob, berührte ich den Abzug. Statt des erwarteten Knalles kam jedoch nur ein lautes »Klick«. Die Ursache war mir gleich klar. Nach dem eiligen Aufbaumen und dem regungslosen Sitzen, angesichts des schimpfenden Rehbockes, hatte ich einfach vergessen, die Waffe zu laden. Meine tiefsinnigen Betrachtungen über die Theatersituation hatten sicher auch nicht dazu beigetragen, an das Naheliegende zu denken und so hatte ich mir das blamable Ergebnis selber zuzuschreiben.

Die Schwartenträger vor mir verursachten zwar selbst einen hörbaren Geräuschpegel, hatten aber den harten, metallischen Laut vernommen. Alle warfen auf, bestätigten sich mit »Wuff« gegenseitig die Gefahrensituation und trollten sich eilig in den schützenden Wald. Mein kläglicher Versuch, schnell noch zu laden, war eigentlich von vornherein zum Scheitern verurteilt. Ich tat es dennoch mit ein wenig Hoffnung, dass die Truppe zurückkehren möge. Der Schwarzwildjäger kennt das, gerade Überläufer in ihrem unerfahrenen Verhalten kommen selbst nach dem Schuss manchmal wieder. Diese hier nicht – offensichtlich waren die schlauer als ich. Ziemlich frustriert baumte ich nach einer Weile ab und fuhr nach Hause.

Am folgenden Abend war ich zeitiger draußen. Ich gönnte mir noch ein Bad in einem kleinen, versteckt liegenden Teich mitten im Wald, ließ anschließend die Haut vom Sommerwind trocknen und fuhr erfrischt zum Getreidefeld. Der Wind hatte die Richtung geändert und strich nun entlang des Saumes zwischen Wald und Feld, so dass sich die Benutzung eines der Hochsitze an dieser langen Kante von selbst verbot.

Mitten im Feld gab es eine sumpfige Stelle, die für die Bearbeitung mit landwirtschaftlichem Gerät ausfiel. Dort hatte ich in eine Weide einen Hochsitz gebaut, dessen Besteigung erst nach notarieller Verwahrung eines aktuellen Testamentes ratsam erschien. Ich habe die Konstruktion und Beschaffenheit bereits an anderer Stelle beschrieben (vgl. »Der Kapuziner«). Dorthin strebte ich quer durchs Feld auf dem kürzesten Wege, der möglich war. Ich hielt es immerhin für möglich, dass irgendwo bereits Rehwild stand und wollte nicht noch einmal, wie am vorherigen Abend, lauthals angekündigt werden. Das klappte auch, ich hangelte nach oben und glaste zunächst das große Feld sorgfältig ab. Noch war kein rotes Haupt oder schwarze Rückenfedern in den Ähren auszumachen. Dennoch war ich guten Mutes, die vor mir liegende, nasse Fläche wies mehrere Suhlstellen auf, deren Farbe auf frische Benutzung schließen ließ. Auch das restliche Wasser, das trotz der sommerlichen Temperaturen noch in kleinen Pfützen stand, war trübe, voller schlammiger Schwebstoffe. Also musste in der vergangenen Nacht und am Morgen hier intensive Körperpflege einschließlich gesunder Schlammpackungen betrieben worden sein, und so wartete ich gespannt auf das Einsetzen der Dämmerung.

Zunächst aber hatte ich viel Freude am Besuch diverser Kleinvögel, welche am Ende dieses heißen Tages heranflatterten oder einschwebten. Alle labten sich an den Wasserlachen, manche nahmen ein kleines Bad. Nicht alle Exemplare der bunten, gefiederten Gesellschaft konnte ich ihrer Art zuordnen. Ich bedauerte, kein Bestimmungsbuch bei mir zu haben, ein Fehler, den ich mir vornahm, beim nächsten Ansitz nicht zu wiederholen.

Dann sah ich eine Ricke anwechseln, schon von weitem auffallend durch die intensiv rotfarbenen Decke, welche im schönen Kontrast zum Getreide leuchtete. Am Rand zur nassen Stelle verhoffte die Dame kurz, zog dann aber vertraut und zielstrebig in die üppig gewachsene, auf Grund der Feuchtigkeit frisch wirkenden Krautvegetation am Rande der sumpfigen Fläche. Zwei Kitze folgten unmittelbar hinterher und begannen sofort miteinander zu spielen. Da war ein Gerenne und Gespringe voller Übermut, nur kurz unterbrochen, um sich an der mütterlichen Milchquelle zu laben. Mehr als einmal musste ich über dieser drolligen Vorstellung lautes Lachen unterdrücken.

Wenig später erschien ein weiteres Reh und gleich erkannte ich den jungen Bock vom Vorabend. Stolz erhobenen Hauptes zog dieser zügig auf die junge Familie zu. Nachdem sie anfänglich sicherheitshalber in die schützende Nähe der Mutter gesprungen waren, spielten die beiden Kitze bald unbeirrt weiter. Die Ricke selbst sicherte auch nur kurz in Richtung des jugendlichen Artgenossen und setzte bald darauf ihre abendliche Mahlzeit unbeeindruckt fort. Das gefiel dem jungen Herren gar nicht, hatte ich den Eindruck. Immer wieder zog er vor dem weiblichen Stück hin und her und versuchte offensichtlich Aufmerksamkeit zu erheischen. Die Ricke nahm kaum Notiz, äugte nur immer wieder nach ihrem Nachwuchs und dessen munterem Treiben. Vergiss es, dachte ich im Stillen, das ist nicht die Liga in der du spielen kannst. Es war ein bisschen so, als würde ein gerade erwachsen gewordener Jüngling versuchen, einer schönen, reifen Frau seine unsterbliche Liebe zu erklären. Mit hoher Wahrscheinlichkeit würde er Spott, Hohn oder einfach nur Nichtbeachtung ernten.

Zu meinem Amüsement ließ sich der Angeber aber nicht beirren, stolzierte weiter, wie der sprichwörtliche Gockel um die Dame herum ohne den geringsten Erfolg.

Plötzlich warf die Ricke auf, sicherte angespannt in Richtung Waldessaum, schreckte kurz und zog mit ihren Zwillingen, die eilig herangesprungen waren, ins Getreide. Der Grund war mir wenig später klar. Zwischen den Ähren sah ich vier schwarze Rücken recht schnell auf mich zuwechseln. Der selbstbewusste junge Bock war noch immer auf der vor mir liegenden freien, nassen Fläche präsent. Die Sauen näherten sich rasch, erreichten die Getreidekante und keilten sich ein bisschen. Dann stürzten sich die vier Rabauken in den Schlamm und suhlten mit offensichtlichem Wohlbehagen. Der Bock fing an zu schrecken bis dies einem der vier Gesellen auf die Nerven ging. Blitzartig verließ der wie ein schwarzer Teufel, die Suhle und hielt auf das Reh zu. Nun zog es der Bock doch lieber vor, Fersengeld zu geben und rettete sich ins Getreide.

Das bekam ich nur am Rande mit, denn ich hatte die kleine Überläuferrotte vor mir erkannt, auf die ich am Vorabend trockene Schießübungen veranstaltet hatte. Also machte ich den Drilling fertig und wartete, bis das schwächste Stück der vier aus dem Loch herauskam. Der Schuss brach, das Stück rutschte zusammen und war nach kurzem Schlegeln verendet. Die übrigen drei gingen hochflüchtig ab. Mit dem Glas konnte ich jedoch erkennen, dass sie mitten im Schlag verhofften und unschlüssig hin und her zogen. Da der beschossene Schwarzkittel blitzartig und ohne zu klagen verendet war, keimte erneut die Hoffnung in mir, dass die anderen drei sich beruhigen und zurückkehren würden. Ich blieb also ganz still sitzen und wartete. Aber Hoffen und Harren hält eben doch manchen zum Narren – die Truppe zog schließlich eilig Richtung Waldrand und verschwand. Das metallische Klickgeräusch vom Vorabend und nun der Schuss waren wohl selbst diesen unerfahrenen Überläufern nicht geheuer.

Aber anderer Besuch stellte sich bald ein. Der noch wenige Minuten vorher vertriebene junge Bock zog wieder durch das Getreide heran, verhoffte kurz an dessen Kante und stolzierte auf das liegende Stück Schwarzwild zu. Der Schritt, den er dabei darbot, glich dem eines Dressurpferdes und ich bin sicher dass jeder preußische Kavallerieoffizier seine helle Freude an der Exaktheit der Ausführung gehabt hätte. So etwas hatte ich noch nicht gesehen und der geneigte Leser kann sich sicher meine Verblüffung über die Szene vorstellen.

Doch dann kam es noch besser. Als sich unser Bock auf wenige Meter dem verendeten Schwein genähert hatte, verhoffte er und begann unablässig zu schrecken. Dabei rührte der sich keinen Schritt vom Fleck und machte nicht die geringsten Anstalten abzuspringen. Ich war versucht, das ständige Schrecken als eine Art Siegesgeschrei zu interpretieren, so, als hätte der junge Bock den Schwarzkittel gefällt und nicht das Blei aus dem Lauf meines Drillings. So sehr mich das ganze amüsierte – länger konnte ich nicht mehr warten. Es war noch immer sehr warm und ich wollte das Stück möglichst bald aufbrechen. Außerdem hatte ich die Schwarte zu säubern, bevor der Schlamm aus der Suhle trocken war. Also baumte ich ab, was den Schreihals endlich zum Abspringen veranlasste. Dies tat der aber nicht, ohne mir aus dem Getreideschlag noch lauthals seine Empörung kund zu tun. Ich säuberte, so gut es ging, die Schwarte des Überläufers mittels Grashalmen, brach auf und setzte mich wie immer eine kleine Weile neben das gestreckte Stück. Als ich gerade aufgeraucht hatte, glaubte ich ein leises Geräusch schräg hinter mir zu hören. Als sich dies wiederholte, wendete ich mich langsam und vorsichtig um, konnte aber in der sitzenden Position nicht ins Getreide hineinschauen. Als ich im Zeitlupentempo aufgestanden war, erblickte ich zu meiner großen Verblüffung das dünnstangige Böckchen. Hochaufgereckt äugt der mich – keine zehn Meter entfernt – an. »Kerl, bist du dreist!« entfuhr es mir unwillkürlich und ich stellte befriedigt fest, dass er diesmal wenigstens den vorlauten Äser geschlossen hielt. Zu früh gefreut: Als ich das Schwein am Vorderlauf packe und losziehe, begleitet mich beinahe zeitgleich einsetzendes Schrecken. Dann folgt mir das Böckchen im seitlichen, sicheren Abstand, aber ohne sein Geschimpfe zu unterbrechen. Selbst als ich den Schwarzkittel auf dem Tank meines Motorrades halbwegs fest, aber natürlich unter Missachtung der Verkehrsvorschriften, festgeschnallt, den Schutzhelm aufgesetzt und den Motor gestartet habe, steht der noch im Getreide und äugt mich unverwandt an. Erst als ich die Hand zum Abschiedsgruß hob, sprang er ein paar Meter zurück – aber nur, um sich wieder in meine Richtung zu wenden. Ungläubig und belustigt schüttelte ich den Kopf und fuhr davon.

Wochen später saß ich wieder am Rand des Getreidefeldes, der Weizen leuchtete im satten Gelb und stand kurz vor dem Drusch. Der Sommer hatte seinen Höhepunkt erreicht und ich wollte sehen, ob ich nicht einmal das Feisthirschrudel zu Gesicht bekäme, dessen Fährten seit neuerdings in Richtung der im Felde liegenden Suhle standen. Ich hatte den Herrenclub eines Morgens im aller ersten Licht aus dem Feld zu Holze ziehen sehen. Zwei zeitige, morgendliche Ansitze brachten allerdings nichts, da aber die Fährten frisch auf dem Weg standen, mussten sie noch da sein und abends oder in der Nacht suhlen. Gern hätte ich mich auf dem Katastrophensitz in der Weide platziert, aber da an jenem Tage der Wind genau auf die sumpfige Fläche stand, beschloss ich, die Sache von Weitem zu beobachten und setze mich an den Waldrand. Nicht lange und ich gewahrte mitten im Feld einen braven Sechserbock, der eine Ricke trieb. Ja, dieser Bock war zweifellos jagdbar, mindestens fünf Jahre alt, eher älter. Massiv im Gebäude, starker Träger und Rosen, von denen man den Eindruck haben konnte, sie säßen direkt auf der Schädeldecke. Da ich aber in jenem Jahr schon recht zeitig einen Erntebock gestreckt hatte, nahm ich mir vor, bei nächster Gelegenheit einen älteren

K.-P. Reif

Waidkameraden auf diesen Bock zu führen – so, wie es damals guter Brauch war.

Auf einem großen Stein, der neben dem Sitz lag und der wohl schon seit der letzten Eiszeit nicht mehr bewegt worden war, wärmte sich eine Eidechse auf ihrer den Tag über aufgeheizten Unterlage aus skandinavischem Granit. Erst als die Sonne sich langsam hinter die Wipfel der Kiefern neigte und Schatten sich auf das im wunderschönem Grün schimmernde Tier legte, schlüpfte es flink mit kaum hörbarem Rascheln ins trockene Gras. Die Grillen zirpten ihr gleichförmiges Lied und so genoss ich im Anblick des Rehpärchens die friedliche, harmonische Stimmung dieses Sommerabends.

Die Harmonie war jedoch nicht von Dauer. Aus dem Wald trat auf etwa hundert Schritt ein einzelnes Stück Rehwild heraus, verhoffte kurz an der Getreidekante und wechselte ins Feld. Als ich durch das Fernglas sah, erkannte ich gleich den Prahlhans wieder. Halte dich bloß fern, dachte ich, hier lauert Ärger. Aber erstens war der junge Angeber viel zu sehr von sich überzeugt und zweitens ist es wohl mit meinen telepatischen Fähigkeiten nicht weit her – der Bock dachte gar nicht daran, Abstand zu halten! Schnurstracks wechselte der rote Springinsfeld im Wortsinne auf seine beiden Artgenossen zu. Etwa nach der Hälfte der Distanz, verhoffte er und verfiel in den nunmehr schon bekannten Dressurschritt. Doch damit nicht genug: Dieser tollkühne Jüngling fängt doch tatsächlich noch an zu schrecken – die personifizierte Provokation! Das war zuviel – die entsprechende Reaktion ließ nicht auf sich warten. Hatte der ältere Bock bisher scheinbar kaum Notiz von der Annäherung des Jüngeren genommen, schoss er nun urplötzlich auf diesen zu. Mir wurde Angst und Bange um meinen Prahlhans, aber der tat ausnahmsweise einmal genau das Richtige und flüchtete was die Läufe hergaben.

Atemlos verfolgte ich die wilde Verfolgungsjagd der beiden Rehböcke quer durchs Getreide. Die Distanz schien sich weder zu vergrößern noch kleiner zu werden – wenigstens schnell war der Knabe! Allerdings hatte ich keine Vorstellung wie sich das im Waldesinneren mit seinen zahlreichen Hindernissen entwickeln würde und genau dahin ging die Fuhre und entzog sich somit meiner Beobachtung. Ich hörte noch Prasseln und Knacken von trockenem Holz – dann wurde es still.

Meine Pulsfrequenz glich in jenen Minuten vermutlich jener vor dem ersten, heimlichen Rendezvous oder als hätte ich eben einen starken Hirsch oder groben Keiler beschossen. Als ich mir eine Zigarette anbrennen wollte, um meiner Aufregung Herr zu werden, brach ich zwei Streichhölzer ab, was heute wohl den Beifall der wachsenden militanten Nichtraucherschaft gefunden hätte. Als endlich die ersten Rauchwölkchen in Richtung des windstillen Himmels gezogen waren, löschte ich das glimmende Stäbchen eilig wieder. Gar nicht weit von mir trat nämlich der ältere Bock wieder aus dem Bestand, verhoffte kurz und zog dann in Richtung seiner Ricke, die mittlerweile seelenruhig äsend weitergezogen war. Aufatmend schickte ich im Stillen meinen Dank an Hubertus, der offensichtlich seine schützende Hand über den Jüngling gehalten hatte, oder einfach nur den jüngeren Bock das Wettrennen gewinnen ließ. Wie auch immer – ich war froh, denn in dieser kurzen Zeit konnte der Platzbock dem Verfolgten wohl kaum ernsthaften Schaden durch Forkeltorturen beigebracht haben.

Ein paar heilsame Hiebe wären aber wohl trotzdem ganz gut gewesen, denn was nun folgte drosch dem sprichwörtlichen Fass den Boden aus. Ein weiteres Stück Rehwild trat entfernt aus dem Saum des Waldes und ich traute meinen Augen sowie dem Fernglas kaum – der Prahlhans! Ruhig äste der hier und da als wäre er, nicht vor weniger als einer halben Stunde vorher, noch um sein Leben oder wenigstens um seine bis dahin unversehrt und makellos rotglänzende Decke gerannt. Es dauerte auch gar nicht lange und der Bock wendete sich tatsächlich erneut ins Getreidefeld, aus welchem er mit Gewalt vertrieben worden war. Glücklicherweise hatte ich aber zwischenzeitlich festgestellt, dass das Pärchen weitergewechselt war. Ich konnte die weitere Entwicklung nicht mehr weiterverfolgen, da die Nacht angebrach. So blieb mir nur die Hoffnung, dass die abklingende hohe Zeit der Rehe meinem Prahlhans weitere Konfrontationen ersparen möge und er unbeschadet blieb – trotz seines unerschrockenen, tollkühnen oder vielleicht frechen, prahlenden Auftretens!? Eine genauere Charakterisierung fällt mir bis heute nicht ein.

Ich sah ihn dann auch nicht mehr. Sehr oft, wenn ich in der Folgezeit diesen Revierteil betrat, dachte ich an den jungen Bock und hielt Ausschau – vergebens. Langsam wuchs in mir die Befürchtung, ihm könne vielleicht doch noch ein böses Schicksal ereilt haben. Ein tödlicher Forkelstich, eine Kugel durch falsches Ansprechen, ein Zusammenstoß mit einem Auto – alles war möglich. Aber vielleicht war er ja auch einfach nur abgewandert und nervte anderenorts zwei- und vierläufige Zeitgenossen. An diese Hoffnung klammerte ich mich.

Monate, vielleicht ein knappes halbes Jahr später, fiel eine kleine »Neue« und ich fuhr langsam Wald- und Feldwege ab, um mir einen Überblick anhand des Fährtenbildes zu verschaffen. Ich war aus beruflichen Gründen einige Zeit kaum ins Revier gekommen und nutzte den weißen Leithund zu einer groben Bestandsaufnahme. Als ich nicht viel schneller als Schrittgeschwindigkeit einen Feldweg entlang fuhr, der auf beiden Seiten mit dichten Schlehen- und Weißdornhecken gesäumt ist, steht ein kleiner Sprung Rehwild auf. Sofort fuhr ich in eine Lücke zwischen den Sträuchern und stellte den Motor ab. Die Rehe zeigten mir gleich ihre Spiegel und strebten ohne weiteren Halt der Waldkante zu. Nach vielleicht zwanzig Schritten verhofft ein Stück, dreht sich um, reckt Träger und Haupt weitmöglichst nach oben und äugt mich unverwandt an. Ganz still blieb ich auf meinem Moped sitzen, nahm nur das Fernglas an die Augen und stellte fest, dass mein Gegenüber ein Bock ist, der schon neue, kurze Baststangen auf dem Haupt trug. Plötzlich hebt er einen Vorderlauf, bis dieser in sich einen rechten Winkel bildet und stapft auf mich zu. Das kannte ich doch, vermochte auch gleich nicht mehr an mich zu halten und rief laut: »Hans, bist Du das?«. Da schreckt der aus Leibeskräften und sichtlich empört, dabei kleine Dampfwölkchen aus dem Äser in die frostklare Luft ausstoßend. Das Geschimpfe will nun auch gar nicht mehr aufhören, nicht einmal als er sich endlich entschließt seinem Sprung zu folgen, welcher längst den schützenden Saum des Waldes erreicht hat.

Natürlich kann ich nicht sicher sein, dass dies mein Prahlhans war, aber erstaunliche Parallelen im Verhalten gab es wohl. Und so gehe ich einfach davon aus, dass aus meinem vorlauten Böckchen ein braver Bock und aus Hänschen ein Hans geworden ist. Der wird seinen stirnbewehrten Artgenossen dann reihenweise gezeigt haben, wer Chef im Walde ist.

Uta Unverdrossen

Besonders gern, aber auch mit besonderer Wehmut denke ich – heute noch! – an meine »Uta« zurück, eine kleine Hündin der Rasse, die damals Alpenländisch-Erzgebirgler Dachsbracke hieß. Heute ist das Erzgebirge aus dem Namen verschwunden, obwohl diese Hunde bereits seit Generationen in jenem Mittelgebirge gezüchtet wurden. Was zur Namensänderung führte, weiß ich nicht so genau, sicher gibt es honorige Oberbescheidwisser, die solche Dinge beschlossen.

Mir jedenfalls war es vorher ziemlich gleichgültig, wie die Rasse hieß und nach der Namensänderung auch. Da auch der Hund trotz intensiver Befragung meinerseits nur ein Gähnen für die Problematik übrig hatte ließen wir die Sache schließlich auf sich beruhen und wendeten uns den interessanten und wichtigen Dingen des Lebens zu.

Zunächst einmal drehte sich ganz viel um die Ernährung. Neben den handelsüblichen Futtermischungen inclusive der darin enthaltenen Mineralien und Vitamine bekam das Tier auch noch jeden verfügbaren Pansen kredenzt. Dieser wurde durch Ausschütteln seines ursprünglichen Inhaltes entledigt und anschließend – sehr zur Freude meiner Frau und diverser Besucher – auf dem Gartenzaun getrocknet, bis er eine leicht lederartige Konsistenz erreichte.

Zum Entsetzen vieler meiner Waidgenossen fiel aber auch bei Tisch so mancher Brocken ab und ich kann mich nicht erinnern, dass ein Krümmelchen jemals den Fußboden der Küche erreicht hätte.

Dieser Hund war eben auch ein Familienhund, besser, ein Mitglied der Familie. Schließt man Familienmitglieder vom Essen aus?

Mein Jüngstgeborener bewegte sich schon im Kriechalter clevererweise fort, indem er sich mit seinen kleinen Händchen in der Behaarung des Hundes festkrallte oder gar die Rute als eine Art Schleppseil benutzte.

Meine anfänglichen Befürchtungen, dass dies dem Hund weh tun könnte und er eines Tages aggressiv gegen den kleinen Kerl würde, erwiesen sich als unbegründet. Mit stoischer Ruhe ließ sie alles mit sich geschehen, was der Junge mit ihr anstellte.

Stundenlang bewachte die Hündin den Kleinen, so dass man in Versuchung hätte kommen können, bei der zuständigen Behörde eine Art Adoptionsverhältnis zu beantragen.

Saß ich im Sessel, verließ sie Ihren Hundekorb in Kaminnähe und legte sich auf meine Füße, die so auf angenehme Weise gewärmt wurden. Dann schlief sie oft ein und manchmal unterdrückte ich zutiefst menschliche Rührungen, um die Lady in ihren Träumen von Hirsch, Sau oder guten Happen nicht zu stören.

Der kundige Hundemann wird nun meinen, als vierläufige Gefährtin für die Jagd sei diese Hündin gewiss nicht mehr zu gebrauchen gewesen, viel zu sehr vermenschelt, zu viel im Haus und dergleichen. Weit gefehlt. Nicht dieser Hund.

Betraten wir das Revier, war stets eine verblüffende Metamorphose im Verhalten meines »Utchens« – wie sie von den Kindern liebevoll gerufen wurde – zu beobachten. Agil wurde da jede den Weg kreuzende Fährt untersucht, jeder Windhauch überprüft und meine Aufmerksamkeit auf Dinge gelenkt, die wir Menschen mit unseren vergleichsweise kümmerlichen Sinnesorganen nicht erfassen können.

Einmal pirschten wir nachts, wohl in der elften Stunde, am Rande eines großen Sees. Der Mond leuchtete voll vom klaren, kalten Novemberhimmel. Es herrschte tiefe Stille, nur ab und zu vom Ruf des Käuzchens unterbrochen. Langsam kamen wir voran und erreichten schließlich ein mit Erlen bestandenes Verlandungsgebiet am südlichen Ufer. Mein Hund lief an meiner linken Seite und war durch den Schulterriemen mit mir verbunden. Ich verspürte ein leichtes Straffen und bemerkte wie »Uta« angespannt in die Erlen windete. Mit dem Fernglas überprüfte ich den Saum der Erlen, konnte jedoch nichts ausmachen. Nur ein leises, schleifendes Geräusch glaubte ich gehört zu haben, ohne jedoch sicher zu sein oder es gar zuordnen zu können.

Also zunächst einmal Warten. Die Aufmerksamkeit meiner vierläufigen Gefährtin indes war ungebrochen und ich bemerkte jenes typische leichte Zittern an ihr, welches stets untrüglich signalisierte, dass Wild in der Nähe war.

Meine Unsicherheit wurde jäh beendet, als gellendes, klagendes Quieken die nächtliche Ruhe durchbrach. Dort bissen sich Schwarzkittel – vermutlich um die Position des Bandenchefs.

Also suchte ich mit gespannter Aufmerksamkeit mittels Fernglasblick den Rand der ersten Baumreihen zu durchdringen.

Bald glaubte ich, auch Schatten zu sehen, die sich freilich mit Stämmen, Ästen und Gras noch immer verwoben. Vom minutenlangen, angestrengten Schauen mit dem Glas in die diffuse Szenerie tränten mir bald die Augen und ich setzte ab.

Die Geräusche jedoch waren mittlerweile nah und eindeutig. Trappelnde Schritte, knickende Äste, das scharfe Einsaugen von Luft und platschendes Wasser bildeten ein vertrautes Orchester für des Waidmanns Ohr.

Endlich schoben sich drei schwarze, klumpenförmige Wildkörper aus dem Schatten der Bäume. Allerdings trug das fahle Mondlicht dick auf; vor uns waren Überläufer, und nicht einmal besonders starke.

Von meinem Hund meinte ich einen kurzen Blick aufzufangen, der mich wohl fragte, ob ich mich nicht endlich dazu bequemen wollte, das mitgebrachte Eisenrohr auf meiner Schulter zu benutzen. Oder wozu sollte der eigenartige Knüppel sonst gut sein?

Also leinte ich meine »Uta« an einen in der Nähe befindlichen Busch an, bat sie leise um Disziplin und Wohlverhalten und pirschte vorsichtig in Richtung Sauen.

Jene hatten inzwischen begonnen, den schmalen Wiesenstreifen, welcher vor der Erlenkante lag, umzubrechen.

Bis auf vielleicht dreißig Schritt pirschte ich an und kniete mich auf einer etwas erhöhten Position ins Gras. Der Zielstachel im Fernrohr meines bewährten Drillings saugte sich förmlich auf dem Blatt des geringen Überläufers fest und ich riss Funken.

Nach dem Knall sah ich zunächst einmal gar nichts. Nur wilde Flucht, brechendes Geäst und aufgeregtes Blasen vernahm ich, sich immer weiter entfernend, aus dem dichten Erlendschungel.

Ich hätte schwören mögen, dass das Stück im Feuer zusammengebrochen war und an Ort und Stelle verendet liegt. Beim Schuss war ich gut abgekommen, kein Ästchen störte den Flug des Geschosses und weit war es schließlich auch nicht. Verdutzt schaute ich immer wieder mit dem Glas auf die leere Wiese … Erst einmal holte ich meinen Hund, wartete noch eine kleine Weile und ging dann zum Anschuss. Im Schein der Taschenlampe fand ich tatsächlich etwas Schweiß, den ich jedoch nicht gleich einem Teil des Wildkörpers zuzuordnen vermochte.

Eifrig wollte meine kleine Hündin sofort mit der Nachsuche beginnen. Ein kräftiges Ziehen in die angenommene Fluchtrichtung des beschossenen Stückes bedeutete mir, dass sie entweder die noch warme Fährte überdeutlich windete oder gar das verendete Stück Schwarzwild bereits in der Nase hatte.

Bei Tageslicht wäre ich ihrem Verlangen wohl gefolgt. Aber nachts bei diesem Gelände?

Ich wusste, dass sich zwischen den einzelnen Erlengruppen schier grundlose, morastige Löcher in großer Zahl befanden, dazu heruntergbrochenes Holz jeder Stärke.

Nein, das Risiko, sich im besten Falle Blessuren zu holen oder, schlimmer noch, die Aussicht auf ein Schlammbad im tiefen Morast, ließen mich die Sache abbrechen. Zwar war ich mir ziemlich sicher, dass das Stück verendet nicht allzu weit liegen konnte – aber was, wenn doch nicht? Auch auf einen nächtlichen Nahkampf mit einem angebleiten Schwarzkittel wollte ich es nicht ankommen lassen – in dieser Umgebung schon gar nicht.

Also verbrach ich den Anschuss und fuhr nach Hause.

Für den Nichtjäger sollte ich an dieser Stelle wohl erklären, dass »Anschuss verbrechen« eine Markierung der Stelle bedeutet, an welcher das Wild im Moment des Schusses stand. Durch Zweige, die in die Erde gesteckt oder in bestimmter Ordnung auf den Boden gelegt werden, findet man später die genaue Stelle wieder und kann die Fluchtrichtung nachvollziehen.

Nach unruhigem Schlaf waren wir am nächsten Morgen wieder an Ort und Stelle. Meine ursprüngliche Absicht, das Stück Schwarzwild mit angeleintem Hund nachzusuchen, gab ich bald auf. Zu dicht das Holz und zu tückisch das Moor. Meine »Uta« mochte wohl einigermaßen flott vorankommen, wenn sie nicht an der Leine hing. Aber ich?

Eine Gerte, die ich von einer Weide schnitt und die etwa zwei Meter in der Länge maß, verschwand, ohne dass Grund zu fühlen war, als ich sie probehalber in einem der schlammigen Löcher versenkte.

Ich befreite also meinen Hund von Halsung und Leine und schickte ihn mit dem Kommando: »Such verwundt, mein Hund!« in Holz und Moor.

Sofort nahm die Hündin mit großem Eifer die Fährte auf. Hindernissen geschickt ausweichend und unter Umgehung der morastigen Löcher kam sie gut voran und war meinen Blicken bald entzogen.

Schon bald hörte ich zu meiner großen Erleichterung den intensiven Laut meines Hundes mit tiefer Stimmlage. Wenn nicht diese typische tiefe Tonlage gewesen wäre, hätte ich unter Umständen annehmen müssen, dass das Stück noch lebt.

Nun musste ich hin. Egal, wie ich es anstellte, das Stück musste geborgen werden. Also ließ ich Waffe, Jacke und Fernglas bei meinem Freund, den ich gebeten hatte mitzukommen, zurück und ging los.

Ging ist nicht wörtlich zu nehmen. Ich sprang von Erle zu Erle, von Grasnarbe zu Bülte. Oft musste ich sofort weiterspringen, weil ich beim Aufsetzen merkte, wie der Boden unter meinen Füßen nachgab. Hatte ich einmal einen halbwegs sicheren Stand erreicht, versuchte ich mir den Weg für die nächsten vier bis fünf Meter genau einzuprägen.

Dennoch kam, was kommen musste – bei einem Satz landete ich zu kurz, rutschte von den anvisierten Wurzelanläufen eines der Bäume ab und rutschte mit beiden Beinen – etwa bis zum Schritt – in den Morast. Glücklicherweise konnte ich eine der Wurzeln greifen und mich herausziehen.

Mein Freund, der den gewaltigen Platsch von draußen gehört hatte, erkundigte sich, ob wohl alles in Ordnung sei. Nachdem ich dies mit einem unterdrückten Schimpfwort bestätigt hatte, philosophierte der über die gesundheitsfördernte Wirkung von Schlammbädern.

Mein Hund setzte in der Zwischenzeit sein Geläut unentwegt fort. Irgendwann erblickte ich ihn – aber nur ihn. Zweifellos – das treue Tier stand zwischen zwei Erlenbüschen und verbellte – ein Moorloch!

So sehr ich meine Augen auch anstrengte, von dem beschossenen Schwarzkittel war nichts zu sehen. Auch weitere Annäherung brachte keine neuen Erkenntnis, obwohl »Uta« ohne Unterbrechung und mit Eifer weiter verbellte. Erst als ich es endlich geschafft hatte, bis zum Ort des Geschehens vorzudringen, wurde mir die Situation klar.

Der Überläufer war offenbar mit seiner letzten Flucht in den Morast gerutscht und versunken. Zu sehen war nämlich – fast nichts. Erst als ich unmittelbar vor dem Loch stand, sah ich, dass sich das Schwein tatsächlich im Untergrund befand. Eine »Undercoversau« – sozusagen.

Lediglich die Teller, ein schmaler Streifen der Rückenfedern und der Pürzel waren zu sehen.

Erst einmal lobte ich meinen Hund ausgiebig, streichelte ihn lange über das verdreckte Fell, welches insgesamt aber immer noch besser aussah als das meine. Nur auf die obligatorischen Belohnungskekse musste sie einstweilen verzichten, da diese sich in meiner draußen abgelegten Jacke befanden.

Wie nun den Schwarzkittel aus dem Schlamm bergen? Unmittelbar an das Loch herantreten und Ziehen konnte ich wegen des unsicheren, wabbelnten Untergrundes nicht. Wahrscheinlich hätte der Boden nachgegeben und ich hätte selbst samt Schwein in der Brühe festgesessen. Also löste ich meinen Gürtel, schlang ihn um das nächststehende Erlenstämmchen und arretierte das

Schloss. Nun fasste ich mit der linken Hand das Ende des Gürtels und konnte mich so von halbwegs sicherem Stand aus seitlich zum Teller des Schweins hinablassen. Ich zog und zottelte mit aller Kraft der rechten Hand aus Leibeskräften, was immerhin bewirkte, dass es schließlich gelang, das Haupt und den Rumpf bis zu den Vorderläufen herauszuziehen. Nach kurzer Verschnaufpause fasste ich nun den Vorderlauf um den Rest herauszuziehen.

Der ganze Vorgang ähnelte dem Versuch, einen festsitzenden Weinkorken mit einfachstem Ziehgerät aus der Flasche zu entfernen. Man zieht beharrlich und mit aller Kraft, bis das Ganze schlagartig nachgibt und einem entgegenkommt. Das ruckartige Nachgeben des Wildkörpers im vorliegenden Falle hatte zur Folge, dass ich mich mit meinem Allerwertesten zwischen Wurzeln und im Matsch wiederfand.

Froh, dass das Stück endlich vor mir lag, säuberte ich zunächst so gut es ging die Schwarte, um beim Aufbrechen keinen Schmutz an das wertvolle Wildbret gelangen zu lassen.

Mein Hund hatte indessen begonnen, kräftig an der Schwarte zu zausen und – wie man landläufig sagt – sein Mütchen zu kühlen. Ich ließ ihn gewähren, es schadete nichts und verdient hatte er es auch.

Nachdem ich büschelweise Gras und Schilfblätter zum Reinigen verbraucht hatte und die anschließende rote Arbeit getan war, überlegte ich, wie der Schwarzkittel nun aus diesem unwegsamen Gelände geborgen werden konnte.

Hier musste Hilfe her!

Erst einmal hangelte ich mich selbst auf die gleiche anstrengende Weise wie beim Eindringen in das Dickicht wieder nach draußen zu meinem wartenden Kameraden. Jener amüsierte sich zunächst königlich über mein Aussehen – ich gönnte ihm den Spaß auf meine Kosten.

Als er in seinen wohlwollenden Kommentaren nachließ, bat ich ihn, schnell ins Dorf zu fahren, um Helfer, Seile und ein paar

Bretter zu holen. Er startete sofort und war wohl binnen einer reichlichen halben Stunde mit dem Gewünschten zurück.

Nach kurzer Beratung drang ich nach bewährter Methode in die Wildnis ein, zwei gewandte junge Leute hinter mir. Nach einigen Metern wurde mir mulmig zumute. Ein Weidenbusch sah aus wie der andere, die schlammigen Pfützen überall auch. Mir wurde klar, dass ich die Orientierung verloren hatte. Ich beichtete dies meinen Helfern, die mit ratlosen Gesichtern hinter mir standen.

Wir kehrten auf die Wiese am Ausgangspunkt zurück, auf welcher mein Hund abgelegt war.

Zum zweiten Mal an diesem Morgen kommandierte ich meine treue Gefährtin an den Anschuss und verlangte das beschossene Schwein nachzusuchen. Der Blick, den ich auf dieses Ansinnen hin erntete, sollte wohl deutliche Zweifel an meiner Verstandeskraft anmelden. Wer wollte es dem braven Tier verdenken ...!

Ich jedenfalls fand für mich bzw. meinen Unverstand diverse schimpfende Vergleiche aus dem Tierreich, wobei Moorochse – wörtlich genommen – der Sache noch am nächsten kommt. Keinesfalls möchte ich damit jenem selten gewordenen Vogel zu nahe treten, der im hochdeutschen Rohrdommel heißt.

Schließlich tat mir meine »Uta« den Gefallen und arbeitete die Fährte erneut bis zum Stück. Wir banden Seile um Vorderläufe und Haupt und schleppten, als wir selbst festen Stand gefasst hatten, den Schwarzkittel nach draußen. Dies geschah in Etappen, wobei die morastigsten Stellen mit Brettern überbrückt wurden.

Ende gut – alles gut? Ja, wenn man einmal davon absieht, dass ich zu Hause mit der Aufforderung empfangen wurde, meine Bekleidung zuerst einmal mit dem Gartenschlauch zu reinigen. Dies geschah in einem Tonfall, den ich vorher zum letzten Mal auf einem vorpommerschen Kasernenhof gehört hatte.

Wie viele glückliche Stunden durfte ich mit meiner »Uta« aus dem Zwinger »Unverdrossen« erleben. Nun deckt schon lange der grüne Rasen den kleinen Grabhügel, umsäumt von Feldsteinen, welche die Kinder legten. Wenn ich manchmal für ein paar Augenblicke an jener Stelle innehalte, werden die Bilder der Vergangenheit lebendig. Und dann ist sie wieder bei mir, diese liebenswerte, treue Kameradin. Ich sehe sie vor mir mit dem roten Hirsch im bunten Laub des Herbstes, dem groben Keiler im tiefen Schnee oder im kalten Wasser des Weihers schwimmend, um mir eine späte Ente zu bringen.

Frühlingstauber, Märzenzauber

Stockdunkel war es noch, als ich mich aus dem Haus stahl. Ich mag zwölf oder dreizehn Jahre alt gewesen sein und hatte erklärt, ich müsse am Wochenende etwas für eine Projektarbeit im Rahmen des Biologieunterrichtes tun und dazu in den Wald. Vorsichtshalber hatte ich nicht erzählt, dass ich vor Tau und Tag zu starten gedachte. Dies hätte unangenehme Nachfragen eingebracht, beispielsweise in der Art, weshalb man denn angewandten Biounterricht nicht im Hellen betreiben könne und dergleichen.

Ein Freund meines Vaters und nebenher mein Patenonkel und ein Jäger hatte mein Interesse an Allem was kreucht und fleucht erkannt und mir die Bücher des großartigen Hermann Löns geliehen. Und dann habe ich sie alle gelesen, besser, »verschlungen«: Das »Grüne Buch«, »Tier und Jagd«, »Kraut und Lot« und wie sie alle heißen.

Da ging mir die spannende Beschreibung der Jagd auf den Tauber im Frühjahr nicht mehr aus dem Sinn und insbesondere der Hinweis auf die anspruchsvolle Pirsch, das Anspringen, beflügelte meine Phantasie. Das wollte ich ausprobieren auch wenn, aus naheliegenden Gründen, der Schuss, welcher den Vogel dann vom Baum holen soll, noch ein paar Jahre unterbleiben musste.

Nun stelle man sich vor, ich hätte meiner nichtjagenden Familie wahrheitsgemäß mitgeteilt, ich wolle einen Tauber »anspringen«! Mit Sicherheit wären sich alle einig gewesen, dass ein sofortiger Arztbesuch meinerseits dringend angeraten sei.

Ich fuhr in die am Abend zuvor vorsorglich und unauffällig bereitgestellten Gummistiefel, schloss sorgfältig und leise alle Türen hinter mir und lief los. Ein letzter prüfender Blick vom Gartentor bestätigte, dass das Manöver gelungen war und alle noch schliefen.

Dieser thüringische Landstrich, hart an der Grenze zu Sachsen, ist ganz anders beschaffen, als jener, den ich in anderen Erzählungen beschrieben habe. Während dort bereits deutlich der Mittelgebirgscharakter mit großen, geschlossenen Waldkomplexen und tiefen Tälern vorherrscht, zeigt sich hier ein fruchtbares Hügelland. Sehr fruchtbar, mit vorherrschend lehmigen Böden. Das wussten auch unsere Ahnen in frühester Zeit und betrieben zeitig erfolgreichen Ackerbau. Dass dann später die Hauptstadt eines der wichtigsten Spiele der menschlichen Spezies – der Skat – in unmittelbarer Nähe entstand, hat vermutlich keinen kausalen Hintergrund, ausschließen kann man jedoch nichts.

Wald im eigentlichen Sinne gibt es dann auch wenig. Es sind vor allem Feldgehölze, die sich in Bodenkerben und Rinnenformationen schmiegen, Gelände also, dass auf Grund seiner Struktur zum Bearbeiten eher ungeeignet ist. Das einzige größere, zusammenhängende Waldgebiet wurde damals von einer Armee beansprucht, die mit schnellen Flugzeugen weiße Streifen in den blauen Himmel malte und dabei hin und wieder einen Donnerschlag erzeugte, der Kaffeetassen klirren ließ und die Rinder auf der Weide der Gefahr des Verkalbens aussetzte.

Diese kleinen Wälder in der großen Feldflur profitierten aber natürlich auch von dem nährstoffreichen Boden, den sie unter und zwischen den Wurzeln hatten und so wuchsen hier diverse wertvolle Laubholzarten in bunter Mischung. Eine besonders starke Esche ist mir noch in lebhafter Erinnerung, weil ein guter Freund von mir ranging, wie der sprichwörtliche General Blücher und ein sehr hübsches Mädchen aus unserer Klasse an den unschuldigen Baum quetschte und mitten auf den Mund küsste. Für meine Generation und unser damaliges Alter ein unerhörter Beweis von Schneid und Mut, der aber bei mir – zugegebenermaßen – auch gewisse Neidgefühle erweckte.

Auch die Bodenvegetation war – wenigstens im Frühling – von beeindruckender Schönheit. Wenn die Buschwindröschen in der

Nähe eines der zahlreichen Quellhorizonte flächendeckend blühten, wähnte man sich in einem Zipfel des Garten Eden und hatte Scheu, den Fuß in die liebliche Pracht zu setzen.

Ihre Namen hatten die kleinen Waldinseln einfach und praktischerweise nach ihrer Form, wie beispielsweise die »Vogelzunge » oder die »Breite« oder nach markanten Dingen in ihrer Umgebung, wie etwa das »Bahnholz«, an dem seitlich eine Eisenbahnlinie verlief, bekommen. Sehr oft wurden natürlich einfach die Namen der entsprechenden dörflichen Gemarkung adaptiert: »Zürchauer Holz«, »Mückerscher Grund« und so weiter.

Einem Schulkameraden hatte ich von meinem Vorhaben erzählt. Der sah mich allerdings an, als sei ich nicht recht bei Troste und sprach das auch aus. Ich bräuchte doch bloß auf dem Schulhof, der mit wunderbaren alten Kastanien umsäumt war, aufzupassen, da säßen jeden Tag Tauben in den Wipfeln.

Ich verzichtete darauf zu erklären, dass das etwas ganz anderes sei und stand also an jenem Sonntagmorgens bei Sonnenaufgang vor einem der kleine Wälder, verbarg mich hinter einem Haselbusch und beobachtete meine Umgebung. Die Sonne stieg höher, zwei Bussarde kreisten und von weitem sah ich drei Stück Rehwild zu Holze ziehen. Die Kleinvogelwelt war erwacht und begleitete den Morgen mit ihrem Konzert. Zu den Bussarden gesellte sich ein Roter Milan und in einem Wiesengrund vor mir mauste ein Fuchs. Endlich hörte ich auch den Ruf eines Taubers, verhalten zunächst, aber immer wieder und von der gleichen Stelle. Ich verließ meinen Busch und strebte quer durch das Holz, dem Ruf des Vogels mit dem Halsring nach.

Zunächst vertrat ich einen Amselhahn, der sich im trockenen Laub des Vorjahres sein Frühstück zusammengesucht hatte und nun keckernd und schimpfend das Weite suchen musste. Ich befürchtete, der könne mit seinem warnenden Lärm auch den Tauber mitnehmen. Der meldete jedoch bald wieder und so konnte ich meine kleine Pirsch fortsetzen. Ich kam tatsächlich näher heran und meinte, nun müsse ich aber nach dem Rhythmus des Rufes weitermachen, wie ich es bei Löns gelesen hatte. Also: Während des Rufens einige Meter mit schnellen Sprüngen überwinden und dann zur Säule erstarrt stehen bleiben, bis der Vogel wieder zu hören war. Beim Rufen schlösse der Taubenmann die Augen, dann könne der Jäger ungesehen vorwärts kommen, währenddessen er sonst förmlich »auf jeder Feder ein Auge« habe.

Als der gefiederte Freier wieder einsetzte, sprintete ich also los und blieb nach sechs oder sieben Metern stehen. Der Tauber setzte seine Rufe fort – selbst als ich schon stand. Klappt ja gut, dachte ich, beim nächsten Mal kannst du ein paar Meter mehr wagen. Es dauerte ein bisschen, aber dann hob der Vogel wieder an zu rucksen und ich sprang vorwärts. Gerade rechtzeitig kam ich zum Stehen, der Ruf setzte beinahe zeitgleich aus. Mittlerweile war ich schon ein beträchtliches Stück näher gekommen und suchte mit aller Vorsicht die Wipfel vor mir ab. Wohl nicht vorsichtig genug, denn, obwohl ich mich kaum bewegt hatte, hörte ich das charakteristische Klatschen der Schwingen und sah den graublauen Schwerenöter gar nicht weit vor mir abstreichen.

Ich setzte mich eine kleine Weile auf den Waldboden und nahm mir vor, die Sache mit dem Erstarren zur »Salzsäule« künftig noch ernster zu nehmen.

Es dauerte auch gar nicht lange und wieder ertönte der suchende Ruf in die seidige Luft des Frühlingsmorgens und ich war unterwegs. Auf die beschriebene Art und Weise kam ich gut voran und musste der Lautstärke nach zu urteilen ganz dicht vor dem Vogel sein. Nur – sehen konnte ich ihn nicht. Obwohl die Bäume gerade erst begannen zaghaft auszutreiben – der Tauber blieb verborgen. Bei der nächsten Ruffolge blieb ich stehen, verbog mich und machte auch einen seitlichen Schritt, um einen anderen Blickwinkel zu bekommen, wieder umsonst.

Nun wollte ich beim nächsten Rufen erneut einige Schritt voran, um die Kronen der Bäume aus anderer Perspektive zu untersuchen. Also ging ich ein paar Meter schnell und entschlossen vorwärts, als der gefiederte Herr seinen Gesang mit einem kurzen Rucksen abbricht und einige Akkorde einspart. Gleich darauf Schwingenklatschen und Abstreichen fast über mir!

Jetzt fing ich an zu begreifen, dass die Jagd auf diese vergleichsweise kleine Beute doch keine so einfache Sache ist und ebensolche Sorgfalt und auch Erfahrung erfordert, wie die Pirsch auf stärkeres Wild.

Der nächste und auch übernächste Versuch endete jeweils damit, dass der Tauber seine Vorstellung abbrach, bevor ich dicht genug heran war.

Beim weiteren Bemühen sah ich mittendrin einen Sperber durch Gezweig und Äste sausen, schnell wie ein Pfeil und mit akrobatischer Eleganz. Ob die Attacke dem rufenden Bräutigam oder einem anderen Mitglied der fliegenden Gesellschaft galt, entzieht sich meiner Kenntnis. Mein Tauber zog es, angesichts der Umstände vor, den Schnabel nicht so weit aufzureißen und machte sich sogleich nicht vom, sondern auf den Acker – weit weg jedenfalls.

Dann hörte ich einen melodischen und vertrauten Klang über der Landschaft – die Kirchenglocken! Es war also mittlerweile hoher Vormittag geworden und ich hatte dies über den spannenden Pirschversuchen überhaupt nicht registriert. Ich gebrauchte einen Ausdruck, welcher der sich gerade versammelnden Gemeinde mit hoher Wahrscheinlichkeit nicht gefallen hätte und rannte nach Hause.

Als ich das Grundstück erreichte, hatte ich ein Schulheft in der Hand, welches ich nicht gerade demonstrativ aber gut sichtbar trug, wurde von meinem Vater beim im Hof befindlichen Brunnen abgefangen und einer Befragung unter vier Augen unterzogen. Ich beantwortete seine Fragen, erwähnte auch die Sache mit den Ringeltauben – ohne allerdings das Wort »Anspringen« zu benutzen – und wurde damit zu meinem Erstaunen entlassen.

Aber es sollte noch besser kommen: Als ich eben im Begriff war, das Haus zu betreten, rief er mir noch hinterher, wenn ich das nächste Mal im Dunkeln verschwände, solle ich gefälligst vorher Bescheid sagen. Das war nun eine ganz neue Qualität, für mich eine Art Quantensprung. Hieß das doch im Umkehrschluss, ich könne – mit seinem Einverständnis – ruhig zur Unzeit Gehen und Kommen, nur solle ich das halt ankündigen!

Diese neue Situation, die nicht den ungeteilten Beifall aller Hausbewohner fand, nutzte ich dann auch aus. An den folgenden Wochenenden wiederholte ich meine Übungen hinsichtlich Tauberpirsch und brachte es durchaus zu gewisser Fertigkeit und besserer Erfolgsquote. Freilich stand ich oft genug steif, wie ein Sägebock und in den kuriosesten Haltungen, bis der verliebte Vogel endlich erneut rief und ich mich bewegen konnte. Während der manchmal quälend langen Minuten des Wartens und eisernen Stillstehens drängte sich mir manchmal das alte Kinderlied im Kopfe auf, von dem Männlein, das da im Walde steht, ganz still und stumm .... Stimmte alles, bis auf das »purpurrote Mäntelein«.

Einige Jahre später – ich trug inzwischen stolz den grünen Rock eines Forstlehrlings – drückte mir ein wohlmeinender Förster, der mich jagdlich ausbildete, gegen Ende einer morgendlichen Pirsch unverhofft seine Doppelflinte in die Hand, nachdem er die zwei Flintenlaufgeschosse gegen feinen Schrot, den sogenannten Taubendunst, ausgetauscht hatte. Ich solle mein Waidmannsheil versuchen, den Tauber, welcher vor uns ruckste, anspringen und schießen – wenn ich soweit käme!

Dieses Revier im brandenburgischen Norden war vorherrschend mit Kiefern bestockt und vor einem der lichten Althölzer stand ich nun. Man konnte recht weit in den Bestand hinein sehen – der Tauber aber auch. So versuchte ich, bei jeder Schrittfolge nicht zu weit zu springen, sondern lieber hinter einem Kiefernstamm zum Stehen zu kommen, hinter welchem ich mich damals noch ganz gut verbergen konnte. Das klappte gut und nach eini-

K.-P. Reif

gen Minuten musste ich – dem Rufe nach – vor dem Baum mit dem Vogel sein.

Als er zum nächsten Reim ansetzte, sah ich ihn plötzlich auch. Ganz oben im Geäst hob er sich klar und deutlich gegen den blauen Himmel ab. Ganz langsam, ängstlich darauf bedacht, nur bloß keinen Fehler zu machen, schlug ich die Waffe an und als das kleine, silbrige Korn mit dem Grau des Taubers verschmolz, zog ich den Abzug langsam durch.

Der Knall unterbrach das Lied aus dem Wipfel und der Vogel fiel auf das dichte Kissen aus Blaubeerkraut. Ich lief hinzu und hob glücklich die unverhoffte, morgendliche Beute auf.

Mein Meister wünschte mir Waidmannsheil und stellte mit gewissem Erstaunen fest, dass das Anspringen, welches er ja beobachten konnte, richtig gut gewesen sei. Ob ich das schon einmal gemacht hätte, fragte er. Nicht mit der Waffe, antwortete ich wahrheitsgemäß. Doch dann erzählte ich ihm von einem Sonntag Ende März in Thüringen …

Richard – ein Leben für den Wald

Leute, die mit Leidenschaft ihren Beruf ausüben und dies auch bis ins Alter tun, sind in unserer schnelllebigen Zeit eher selten geworden. Umgangssprachlich ist vom Beruf kaum mehr die Rede, mittlerweile wird meistens vom »Job« gesprochen. Glücklicherweise gibt es aber auch Gegenbeispiele und von einem solchen will ich hier berichten.

Anfang der neunziger Jahre des vorigen Jahrhunderts stellte sich mir die Frage, in welcher Form ich künftig die Jagd ausüben sollte. Das alte System der Jagdgesellschaften lief nach der politischen Wende aus und die Reviere wurden verpachtet. Nun hatte ich mich aber gerade beruflich in die Selbstständigkeit begeben und entschloss mich daher, zunächst ohne die Verantwortung für ein Pachtrevier dem Waidwerk nachzugehen. Also erwarb ich einen Begehungsschein im Staatswald und bat um Einweisung.

Im Gebrauch von Superlativen bin ich eher vorsichtig, aber hier darf man es wagen: Ich landete im Paradies! Hier brüteten Schwarzstorch, See- und Fischadler, der Kranich und alle fünf Schalenwildarten zogen ihre Fährten. Mitten in dem mehrere hundert Hektar großen Gebiet lag ein wunderschöner See, dessen Ufer noch von keinem menschlichen Eingriff reguliert worden war und der auch rundum praktisch unbebaut blieb. Gleich bei der ersten Begehung fiel mir auf, mit welcher Sorgfalt und Sensibilität die Forstleute den Waldbau in diesem nordbrandenburgischen Juwel betrieben hatten. Es ging also wohl doch – artenreicher, gesunder Wald im Einklang mit artenreichem Wildbestand!

Der Oberförster, ein Freund und Kommilitone seit fernen Studententagen, antwortete auf meine Frage nach dem zuständigen Revierförster, der ja nun jagdlich quasi mein Chef werden würde, ein Original sei, der aber hoch in Ordnung, mit dem würde ich klarkommen. Also fuhr ich zu der abgelegenen Revierförsterei, um mich vorzustellen und einweisen zu lassen. Ich klingelte am Tor mit dem Effekt, dass augenblicklich zwei Hunde um die Ecke des Wohnhauses geschossen kamen, und zwar in einer Geschwindigkeit, als wäre der Leibhaftige hinter ihnen her oder ich sei der Nämliche. Auch später war es immer wieder verblüffend, wie beide – ein Drahthaar namens »Jupp« und »Arak«, der Terrier – es immer wieder schafften, scheinbar allen physikalischen Gesetzen zum Trotz noch rechtzeitig vor dem Tor zu bremsen und nicht die diagonal angebrachte Lattenkonstruktion einfach zu durchbrechen. Die beiden Rabauken führten sich auf, als hätten sie einen groben Keiler im Kessel gestellt und ich trat sicherheitshalber etwas zurück. Zu allem Überfluss fing nun auch noch meine »Uta« – die ich zunächst im Auto gelassen hatte – an zu rebellieren, wohl in der Annahme, dass mir ein Leid geschehe.

Die Situation entspannte sich, als der Revierförster kam und seine beiden Zerberusse zur Ordnung rief. Der Mann passte gleich dem ersten Eindruck nach in diese einsame Umgebung – von mittelgroßer, kräftiger Gestalt, exakt sitzendem, strengem Scheitel, grün bekleidet einschließlich gewaltiger Hosenträger – musterte der mich mit flinken, wachen Augen, die gar nicht so recht zu der eher Ruhe ausstrahlenden Art passen wollten. Immer noch etwas konsterniert von der Hundeattacke stellte ich mich förmlich und artig vor und nannte mein Begehr. Meine wohlgesetzten Worte wurden mit dem Kommando »Rein!«, umfassend kommentiert und ich folgte ins Haus. Dann bekam ich einen Kaffee, der meinen Blutdruck einem Härtetest unterzog. Anschließend füllten wir die unumgänglichen Formulare aus, wobei mir die gestochen saubere Handschrift meines Gegenübers auffiel, die man bei jemandem, der jahrelang als Waldarbeiter gearbeitet hat und erst vergleichsweise spät verwaltend tätig wurde, so nicht vermutet hätte.

Dann ging es ins Revier zur eigentlichen Einweisung. Richard fuhr vornweg und ich hatte allergrößte Mühe, ihm zu folgen. Der Mann fuhr, als gäbe es auf diesen unbefestigten Waldwegen weder Stock noch Stein, Äste oder Löcher und wenn ich an die Möglichkeit dachte, dass da doch einmal jemand hinter der nächsten Kurve entgegenkommen könnte, sträubten sich mir die Haare. Ab und zu gab es einen Stopp und ich bekam neben den Reviergrenzen noch Einstände, Wechsel, Suhlen und dergleichen gezeigt. Ich hielt mich zurück und hörte nur zu. Bald war mir klar, dass da einer vor mir stand, der wusste wovon er redete.

Meine Zurückhaltung gefiel dem Mann aus dem Walde aber wohl doch nicht so recht. So wurde ich zunächst noch verhalten, dann immer offensichtlicher befragt. Ich hatte Fährtenbilder zu erklären, Losung zu bestimmen, von an Malbäumen kleben gebliebenen Haaren auf deren ehemalige Träger zu schließen und so weiter. Amüsiert realisierte ich, dass ich mich in einer Art Zeitsprung befand. Der gestrenge Meister befragt den Anfänger – nämlich mich. Ich hatte wieder dieses sicher auch Ihnen, der geneigten Leserschaft, wohlbekannte Gefühl, welches sich immer bei Prüfungen breit macht. Also antwortete ich möglichst knapp, prägnant und vermied Mutmaßungen. Mehr nebenher erkundigte sich Richard, wann ich das erste Mal zur Jagd gehen würde und da Wochenende war, antwortete ich wahrheitsgemäß: »Heute Abend.«

Als ich schließlich den fernen Ruf eines Seeadlers richtig bestimmte, bekam ich folgenden Satz zum Abschied zu hören: »Na ja, wenn Sie Diplomforstingenieur sind, möchten Sie ja schließlich auch was von der Jagd verstehen«. Sprach's, sprang in sein Auto und fuhr von dannen. Verblüfft schaute ich in die auf dem Wege stehende Staubwolke und überdachte meine Situation. Klar war – der Mann gefiel mir. Zu diesem Zeitpunkt hätte ich noch nicht exakt beschreiben können, warum eigentlich. Aber intuitiv wusste ich, dass dies ein aufrechter Charakter war, die fachliche Kompetenz stand ohnehin außer Frage.

Am Abend fuhr ich also erwartungsfroh in das neue Gebiet. Ich hatte mir in einer Dickung eine Schneise gemerkt, die auf ein Kiefernaltholz zulief. An einem der Randbäume stand ein hoher Leitersitz, den ich bei der vormittäglichen Einweisung für tragfähig befunden hatte. In der Schneise war der Waldboden frisch von den Schwarzkitteln aufgebrochen worden. Hier wollte ich mein Waidmannsheil versuchen.

Ich saß etwa eine Stunde, als ich aus der Dickung eindeutig Schwarzwildlaute vernahm. Die Schwartenträger bissen sich, der Ansitzplatz war richtig gewählt. Nicht lange und die schwarzen Gesellen zeigten sich auf der Schneise, verschwanden wieder und tauchten erneut auf. Ein Überläufer begann zu brechen und als ich sicher war, ein Keilerchen vor mir zu haben, griff ich zum Drilling. Die Sonne war bereits hinter dem Horizont versunken, aber das Büchsenlicht noch völlig ausreichend. Ich visierte etwas hochblatt und ließ fliegen. Das Stück brach augenblicklich zusammen, schlegelte und blieb ruhig liegen.

Eine kleine Weile wartete ich noch, baumte dann ab und trat an den gestreckten Schwarzkittel. Nach der roten Arbeit brach ich den letzten Bissen, schob ihn ins Gebräch und verharrte noch ein paar Minuten – wie ich es immer tue.

Dann wurde es Zeit. Ich hatte das Stück mehrere hundert Meter bis zum Auto zu ziehen und befand mich bereits im letzten Licht. Also vorwärts, ich zog los, dampfte bald gewaltig unter der vollen Montur und dem Drilling auf dem Rücken und musste immer öfter die Zughand nach kurzer Pause wechseln. Beim letzten Stopp, schon in Sichtweite meines Autos, durchzuckt es mich: Da steht einer hinter einer starken Kiefer, halb verdeckt und sieht mir zu. Nun war freilich kaum noch Licht und so konnte ich den Menschen nicht mehr ansprechen. Also rief ich den Kerl laut und deutlich an, er möge sich auf der Stelle zu erkennen geben. Die

Antwort kam prompt: Ich solle hier nicht so einen Krach machen und außerdem keine Müdigkeit vorschützen – schließlich sei die Sau noch nicht geborgen …! – Richard!

Ich war, wie man in meiner thüringischen Heimat sagt: »von den Socken«! Wie sich dann noch herausstellte, hatte dieser Waldmensch meinen Ansitzabend von Anfang an beobachtet. Sehr wohl, hatte er mein Interesse an dem Hochsitz am Vormittag registriert und auch die Frage nach meinem ersten Waidgang war nicht zufällig. So brauchte er nur »eins und eins« zusammenzuzählen und den richtigen Schluss zu ziehen.

Was er dann sah, muss ihm aber wohl gefallen haben – von Stund' an hatte ich gewonnen. Wir fuhren in seine Försterei, versorgten die Sau und anschließend wurde ich zum Abendbrot eingeladen. Er bot mir das »Du« an und dann wurde es eine lange Nacht. Ich erfuhr von seiner Kindheit, schwerer Arbeit im Wald und auf dem Feld, dem Schulbesuch in schwieriger Kriegs- und Nachkriegszeit, seinen langen Jahren als Waldarbeiter und dem späten Studium, das ihn zum Revierförster qualifizierte.

Mein Blick wanderte immer wieder zu seiner Trophäenwand. Mir ist nicht erinnerlich, jemals eine solche Vielfalt zu Gesicht bekommen zu haben. Am imposantesten waren die Keiler – an die vierzig Stück waren da zu sehen, durchweg alle reif und kapital. Der kundige Waidmann weiß, wie viel jagdliches Können dahinterstecken muss, um so eine Strecke zu erzielen – auch in guten Schwarzwildrevieren.

Nach diesem Abend entwickelte sich zunächst gutes Einvernehmen, dann eine echte Waidkameradschaft und schließlich eine ehrliche Freundschaft, die fortbesteht bis heute. Alles zu berichten, was ich mit Richard an interessanten, spannenden und zum Teil auch kuriosen Begebenheiten erleben durfte, würde den Rahmen der vorliegenden Erzählung sprengen – für andere scheint mir die Zeit noch nicht reif. Eine erste Episode will ich dennoch gleich erzählen.

Mitte der neunziger Jahre hatte ich einen ersten Jagdaufenthalt im nördlichen Schweden organisiert (vgl. »Alles Zufall?«). Bevor wir vier Freunde Anfang September uns das erste mal auf den Elch versuchen wollten, hatten wir einige Tage auf die Rauhfußhühner, also Auer-, Birk- und Haselwild festgemacht – meiner Meinung nach, ein ebenso anspruchvolles Waidwerken wie auf die großen nordischen Hirsche. Horst, Roland und ich konnten nach anstrengender, komplizierter Pirsch hinter dem Suchhund jeder Auerwild schießen. Die große Freude darüber wurde nur getrübt durch den Umstand, dass unser Richard noch nicht zu Schuss gekommen war und der Aufenthalt sich dem Ende zuneigte.

Wir gingen immer zu zweit mit einem Hundeführer und dessen Finnspitz, der die Vögel suchte, zum Abreiten zwang und dann vor dem Baum, auf denen sich die gefiederten Ritter verbargen, verbellte. Dann war der ganze Mann gefordert. Im hohen Beerkrautbewuchs, teilweise auf allen Vieren kriechend, nähert man sich behutsam dem genannten Baum. Oft genug eräugt einen der Vogel zuerst und man hört nur noch das typische Schlagen der Schwingen. Aus – Schweiß und Mühe umsonst – ein neuer Versuch. Schafft man es tatsächlich, ungesehen vor den Baum zu kommen, wohlgemerkt in einem ursprünglichen Gelände mit umgestürzten Bäumen, verborgenen mit Kraut und Moosen überwachsenen Löchern und Steinen jeder Größe, so muss man den Vogel im Baum erst einmal finden. Durch die vergleichsweise kurze Vegetationszeit – auf Grund des subpolaren Klimas – sind die Astquirle nämlich sehr eng übereinander angeordnet. Die spezielle spitze, schneeabweisende Kronenform der nordischen Bäume tut ein weiteres, um die begehrte Beute unsichtbar werden zu lassen.

Richard lief tapfer mit und sobald der kleine, sympathische Hund anfing zu verbellen, wollte ich ihm den Vortritt lassen. Er lehnte es jedes Mal ab, mit dem Hinweis, ich solle nur erst mal schießen, dann werde er es versuchen. Was blieb mir übrig? Ich schoss also am zweiten Tag nach einem Gewaltmarsch, zerschunden und zerkratzt, durch ein vom eigenen Schweiß beschlagenes Zielfernrohr visierend einen Auerhahn, den Hubertus mir – gleichsam wie zur Belohnung – auf den Wipfel einer Fichte setzte.

Ich war in Hochstimmung. Nie hätte ich mir noch wenige Jahre zuvor träumen lassen, einmal auf ein so großartiges Wild erfolgreich waidwerken zu können. Als ich den schwarzen Ritter glücklich in den Händen hielt, begriff ich, warum die Alten – jedenfalls den großen Hahn – schon im Mittelalter zur Hohen Jagd zählten.

Alles war also prima, nur – mein Richard hatte noch kein Waidmannsheil und der letzte Tag stand bevor. Ich nahm mir also einen der schwedischen Freunde beiseite und erklärte ihm, dass wir anderen gern auf weitere Jagd verzichten würden, wenn er irgendeine Möglichkeit sähe, Richard auf den großen oder kleinen Hahn zu Schuss zu bringen. Der überlegte und meinte dann, wir könnten uns morgens auf Birkhähne ansetzen.

Ansetzen? Ende August? Das begriff ich nicht. Um der Wahrheit die Ehre zu geben, ich wusste damals nicht, dass der kleine Hahn auch außerhalb der Balz bei klarem Wetter allmorgendlich auf bestimmten Plätzen spielt. Fein, dachte ich, das ist die Lösung! Sofort stimmte ich zu, erklärte den anderen die Situation und begoss frohgemut meinen Hahn.

Zu jener Zeit war es für Ausländer noch nicht erlaubt, kombinierte Waffen nach Schweden zur Jagd einzuführen. Wir hatten also nur unsere Kugelwaffen mit und Richard bekam von den schwedischen Freunden leihweise einen Drilling ausgehändigt. So verfügte er nun über zwei Schrotläufe, die natürlich bei dieser Jagdart einsetzbar sein mussten. Dann erfolgte eine Einweisung, bei der wir erfuhren, dass es unbedingt notwendig sei, noch bei völliger Dunkelheit zu sitzen. Horst und Roland sollten – wie an den ersten Tagen – pirschen und Richard und ich mit einem der Gastgeber zum Hahnenplatz gehen. Richard wurde darauf hingewiesen, dass er nicht unbedingt auf den ersten Hahn, der käme, schießen müsse – es würden sich mehrere einfinden und er könne gern versuchen, zwei zu erbeuten. Meine vorsichtige Nachfrage, ob das nicht unangemessen sei und möglicherweise als Gier interpretiert würde, verneinte man rundweg und unisono. Verstanden habe ich das erst viel später, als ich nach einer nächtlichen Diskussion mit einem schwedischen Nimrod begriff, um wie viel ursprünglicher die Jagd in diesen nördlichen Gefilden noch ist – das Beute machen im Vordergrund steht.

Der nächste Morgen kam und mein erster Weg führte zum Bach, wo ich meinen gesamten Kopf in das kalte Wasser tauchte, mehrmals. Danach war ich restlos überzeugt, dass mein Hahn nun tot war – und wie tot der war! Ein anschließender starker Kaffee brachte meinen damals noch viel jugendlicheren Organismus wieder in Schwung und es konnte losgehen. Wir fuhren ein paar Kilometer und stiegen dann im Scheine kleiner Taschenlampen zu Berge. Nach etwa zwanzig Minuten erreichten wir einen freien Platz, den ich mehr ahnte als sah. Am Rand stand überall Birkenanflug, hinter dem an einer etwas erhöhten Stelle ein provisorischer Schirm gebaut war. Hinter diesen setzten wir uns – Richard vorn und in der Mitte der schwedische Jäger rechts und ich links dahinter. Stille umgab uns, jene Stille die zu dieser beinahe unbewohnten Landschaft im skandinavischen Norden gehört. Noch hatte die Nacht ihr schwarzes Tuch über Wald, Moor und Felsen ausgebreitet, die Sterne funkelten in verschwenderischer Pracht am Firmament. Ich genoss diese Stimmung, verspürte jedoch eine leichte Anspannung in Erwartung dessen, was geschehen würde.

Dann wollte mir scheinen, dass im Osten ein Hauch von grauem Licht auszumachen war, die Dämmerung setzte kaum merklich und ganz behutsam ein. Das erste Geräusch, das ich hörte, war ein Rauschen über unseren Köpfen, dann schnelle Schwingenschläge und die abrupte Rückkehr der totalen Stille. Offensichtlich war ein erster Hahn vor uns eingefallen, der nun sicherte, ob der Platz auch ungefährlich sei.

Wir saßen wie versteinert in unserem Schirm, konnten jedoch noch immer nichts sehen. Wenig später wiederholte sich das ganze, ein zweiter Hahn fiel ein und beinahe augenblicklich begannen beide zu spielen. Das zunächst verhaltene Kullern und Schleifen schwoll bald kräftig an. Nun gewann auch das morgendliche Licht an Kraft – die zunächst nur schemenhaft zu erblickenden schwarzen Vögel präsentierten sich nun in ihrer ganzen Schönheit. Ein dritter, vierter, fünfter Hahn landete und beteiligte sich umgehend am Tanz seiner Artgenossen. Fast tat es mir leid, dass dieses faszinierende Schauspiel nun durch einen Schuss beendet werden würde. Richard schien es genauso zu gehen, denn er machte keinerlei Anstalten, die auf seinen Knien ruhende Waffe an die Wange zu nehmen, obwohl das Licht mittlerweile durchaus genügte.

Während ich gebannt den kleinen, schwarzen Rittern zusah, bemerkte ich, wie unser schwedischer Begleiter unruhig wurde. Warum schoss dieser deutsche Kauz nicht, mag es ihm durch den Kopf gegangen sein. Wir saßen immerhin zu dritt und eine unvorsichtige Bewegung hätte zweifellos zur Folge gehabt, dass die Bühne leer gewesen wäre.

Endlich, nach quälend langen Minuten hob Richard den Drilling und visierte durchs Zielfernrohr. Dann setzte er ab und schüttelte leicht den Kopf. Der Vorgang wiederholte sich mehrmals – meine Nerven waren zum Zerreisen gespannt. Was war bloß los? Nun konnte ich die Frage ja nicht erörtern. Die tanzenden Herren vor uns hätten sicher auch das augenblicklich mit dem Abbruch der Veranstaltung quittiert. »Shot, shot!«, zischte unser schwedischer Begleiter, was von Richard mit der beinahe zu lauten Gegenfrage in hiesiger Mundart »Wat?« beantwortet wurde. »Schießen sollst Du, Mann, schießen!« gab ich ihm Bescheid und befürchtete, selbst gleich Fieberschübe, Schüttelfrost oder irgendetwas in der Art zu bekommen.

Die Hähne hatten die Konversation glücklicherweise ausgehalten. Wieder wurde die Waffe gehoben und abgesetzt, mehrmals. Als ich irgendwie schon gar nicht mehr damit rechnete und vor Ratlosigkeit bereit war zu resignieren, bemerkte ich, wie sich während der mittlerweile gymnastisch anmutenden Hebe- und Senkübungen der Rumpf des vor mir sitzenden Waidmannes spannte – dann brach der Schuss.

Wie von einer Sprungfeder befördert schnellte unser Begleiter in die Höhe, war mit wenigen Sätzen auf dem Platz und hob drei Hähne auf – drei Hähne?

Tatsächlich hatte unser Richard, dem Rat unserer schwedischen Freunde folgend, gewartet, bis die drei schussgerecht versammelt waren.

Der einheimische Jäger war schwer beeindruckt. Sonst eher wortkarg, sprudelte der förmlich über und konfrontierte mich mit einem ungeahnten Redeschwall, aus dem ich nur die englischen Begriffe herauszufiltern versuchte. Der Rest war wohl in schwedisch und sami, denn unser Freund gehörte zu jener indigenen Volksgruppe, die im Norden Skandinaviens und Russlands lebt. Nur zu verständlich, dass er vor lauter Begeisterung auch in seine Muttersprache verfiel.

Über dem Tal lag eine Wolkenbank, fein verwoben wie ein Wattebausch. Am Horizont erhob sich gerade die Sonne und tauchte die Gipfel der Berge in ein warmes, rötliches Licht, welches sich immer tiefer an den Lehnen herabschob. Ich verspürte eine tiefe Zufriedenheit über das außergewöhnliche Waidmannsheil, das dem Freunde nun doch noch vergönnt war.

Wir beschlossen, den Rest des Tages ohne Jagd zu verbringen. Wir hatten unser Glück versucht und waren in reichem Maße beschenkt worden. Genug, Waidmannsdank und Hahn in Ruh.

Wenn ich heute das Video ansehe, das ich damals drehte, so fällt es mir nicht leicht, den Gesichtsausdruck von Richard nach dem morgendlichen Ansitz zu deuten – Freude, ein bisschen Stolz, vielleicht eine Spur von Ergriffenheit.

Wie oft haben wir seither diese Erlebnisse wieder auferstehen lassen. Der »Drei-Hähne-Schuss« ist schon beinahe legendär geworden, auch bei unseren schwedischen Freunden. Wann immer sie dann bei uns zu Besuch sind und stehen vor Richards Trophäen, kommt stets beim Anblick der schwarzen Ritter ein Lachen in die Gesichter. Was braucht es große Worte …

Der Regenbock

Eigentlich war der Bock eher ein Böckchen. Schmächtig von Gestalt, mit zwei kurzen, dünnen Spießen auf dem Haupt, war er möglichst bald zu erlegen. Im April sah ich ihn das erste Mal und nahm mir vor, gleich nach dem Ende der Schonzeit – Anfang Mai – auf diesen Rehbock zu waidwerken. Beim ersten Anblick fiel ein feiner, aber intensiver Regen und ich trollte mich von meinem Hochsitz alsbald nach Hause.

Damals, Mitte der siebziger Jahre, war ich Anfang Zwanzig und kaum ein Wetter war mir zu schlecht, um meiner Passion zu frönen. Aber da ich zu jener Zeit über dreißig Kilometer vom Wohnort zum Revier zu fahren hatte und lediglich über ein Moped verfügte, veranlasste mich die Aussicht auf völlige Durchnässung von Mann und Material, doch das Weite zu suchen.

Der Morgen des ersten Mai kam und vor Tau und Tag knatterte ich mit meinem Gefährt aus der Stadt. Ich hatte beschlossen, die obligatorische Maidemonstration zu schwänzen, wohl wissend, dass mir dies mindestens unangenehme Fragen meines Chefs einbringen könnte. Aber was sind schon Marschmusik, eine Fahne auf der Schulter und das laute Getrappel diverser Beinpaare gegen den fröhlichen morgendlichen Gesang aus hundert Vogelkehlen und den pirschenden, leisen Gang im erwachenden Walde!

Im Revier angekommen, schlug ich meinen Weg in Richtung eines großen Rapsfeldes ein. Noch im vorgelagerten Wald traf ich auf eine Rotte Sauen. Die markante Geräuschkulisse hatte ich schon von Weitem vernommen und pirschte mit entsprechender Sorgfalt voran. Der ganze Trupp bestand aus Frischlingen, angeführt von einer mächtigen älteren Bache – ein selten gewordener

Anblick, leider. Ich beobachtete das Treiben eine Weile und hatte meine Freude an den munteren, quirligen kleinen Kerlen.

Plötzlich warf die Bache auf und stieß jenes typische Geräusch aus, das in der Waidmannssprache passender Weise als »Blasen« bezeichnet wird. Augenblicklich ging die ganze Fuhre polternd und ästebrechend ab. Der Grund dafür wurde mir gleich klar, denn ich verspürte einen sanften Windhauch im Nacken. Der Wind hatte gedreht. Ein prüfender Blick zum Himmel offenbarte mir, dass eine Wetteränderung bevorstand. Das nächtliche sternenklare Firmament hielt nicht, was er für den Tag versprach – nämlich klares Wetter für den ersten Tag im Mai.

Nun beeilte ich mich, in Richtung Feld zu kommen, da ich aufgrund der Richtungsänderung des Windes auch noch einen gehörigen Umweg in Kauf nehmen musste. Der ursprüngliche Plan – auf direktem Wege an die Breitseite des Feldes heranzupirschen – hätte sicherlich das Abspringen aller Rehe vor mir zur Folge gehabt.

Endlich stand ich am Waldrand, seitlich des Rapses und suchte mit dem Glas den ganzen Schlag nach meinem Jährlingsbock ab. Wohl sah ich mehrere Stücke Rehwild – Ricken, ein Schmalreh und auch einen braven Sechserbock. Dieser erlebte jedoch gerade seinen dritten oder vierten Frühling und sollte ausreifen und sich noch fortpflanzen.

Immer wieder spähte ich mit dem Glas die vor mir liegende Fläche ab, konnte aber das Objekt meiner Begierde nirgendwo ausmachen. Missmutig zündete ich mir eine Zigarette an und qualmte vor mich hin. Der Himmel hatte sich mittlerweile vollständig bezogen und der merklich auffrischende Wind verhieß nichts Gutes.

Plötzlich wurde ich auf eine Bewegung aus der Richtung aufmerksam, aus welcher ich ursprünglich hätte kommen sollen. Tatsächlich – ein schneller Blick durch das Fernglas bestätigte mir, dass der gesuchte Bock eben an den Waldrand trat und nach kurzem Verhoffen mit wenigen hohen Fluchten im Raps stand. Aber wie auf schussgerechte Entfernung herankommen?

Die vorliegende Distanz von etwa 250 bis 300 Meter ungesehen zu überwinden, erschien mir unmöglich. Unmöglich? Nicht, wenn man Anfang zwanzig ist. Also kroch ich auf allen Vieren, den nur reichlich kniehohen Raps als kümmerliche Deckung nutzend, in Richtung meines Bockes. Das andere Rehwild stand glücklicherweise im Gelände weiter hinten. Ab und zu verhielt ich und warf selbst vorsichtig auf, wie ein Reh. Mein Bock äste derweil gierig an den reichlich vorhandenen Pflanzen und ich kam ganz gut voran. Bis 40, 50 Meter wollte ich ihn angehen, besser kriechen. Dann wollte ich einen freihändigen Schuss wagen, eine Auflage stand ja ohnehin nicht zur Verfügung.

Ohne Vorwarnung setzte Regen ein, der binnen Kurzem eine Stärke erreichte, als habe jemand eine Gießkanne in himmlischen Gefilden benutzt und zielte damit auf mich wie der Gärtner auf den Salat. Zurück und unterstellen? Das kratzte an meinem jugendlichen Stolz, zumal besagter Rehbock völlig unbeeindruckt weiteräste. Also vorwärts mit schmerzenden Knien sowie Händen und Unterarmen, die mittlerweile den Läufen eines Wildschweins nach dem Suhlen glichen.

In dieser misslichen Lage war ich nur ängstlich darauf bedacht, dass kein Wasser in die Läufe oder das Zielfernrohr meines Drillings gelangte. Der Regen ließ etwas nach, aber nur, um Minuten später mit unverminderter Heftigkeit erneut loszubrechen. Ich hatte keinen trockenen Faden mehr am Leibe, meine Gelenke schmerzten höllisch und die Entfernung zum Bock war noch immer zu weit. Es musste etwas geschehen.

Etwa 30 Meter rechts von mir lag ein kleiner Hügel, der von den Bauern alljährlich mit vom Felde abgesammelten Steinen aufgeschüttet wurde. Dazwischen wuchs ein spärlicher Holunderstrauch. Den wollte ich erreichen, um auf den Steinen liegend einen sicheren Schuss abgeben zu können. Das erschien schon deshalb halbwegs erfolgversprechend, weil der Bock langsam in diese Richtung zog. In einer Art Entengang legte ich los, verzichtete aber bald auf diese Fortbewegungsmethode, weil ich ständig mit den Stiefelspitzen in den Pflanzen hängen blieb und mir die Kleidung unangenehm und sehr hinderlich auf der Haut klebte. Also kroch ich und schaffte es tatsächlich, den Busch zu erreichen. In den Gliedern steifgeworden – beinahe wie das Horn meines Bockes – gelang es nur mit Mühe, mich überhaupt aufzurichten. Der Versuch jedoch, einen Schritt zwischen die Steine zu setzen, bescherte die Katastrophe: Ich verfing mich mit der Stiefelspitze und schlug der Länge nach hin. Den Drilling konnte ich noch geistesgegenwärtig in ein weiches Rapspolster fallen lassen, so dass er keinen weiteren Schaden nahm. Ich selbst trug allerlei Blessuren davon – Prellungen, Abschürfungen und Schmerzen – ich weiß nicht wo überall.

Und der Bock? Er quittierte meinen Anblick mit lautem Schrecken – einem Hohngelächter gleich. Langsam, beinahe gemächlich, ging er dem Walde zu, dabei immer wieder schreckend und mich so mit seinem Spott versorgend.

Ich selbst stapfte in Richtung meines Gefährts, wobei mein breitbeiniger, schwankende Gang wohl eher an einen Seemann denn einen Jäger nach leichtfüßiger Pirsch erinnerte.

Als ich am feiertäglichen Nachmittag wie zerschlagen auf meiner Couch landete, gaukelte mir beim Hinübergleiten ins Traumland jemand ein Bild vor: Zwei Männer stehen über den Wolken, einer weiß gekleidet, der andere im grünen Wams. Der eine schlägt sein Wasser ab, der andere hat eine Gießkanne in Benutzung. Beide blicken in Richtung Erde und amüsieren sich königlich.

Die Wochen vergingen, ohne dass ich des Bockes auch nur einmal ansichtig wurde. Wann immer es die Zeit erlaubte, pirschte ich, setzte mich stundenlang an und entwarf immer neue Strategien, um ausgerechnet diesen Bock zu finden. Klar war, dass dies mit dem Fortschreiten des Jahres immer schwieriger werden würde. Zum einen halten diese jungen Böcke ohnehin kaum Wechsel ein. Zum anderen werden sie – je näher die Blattzeit rückt – zu Gejagten der älteren Böcke, die eifersüchtig jeden männlichen Artgenossen aus ihrem Territorium zu vertreiben suchen.

Mancher meiner Waidgenossen mag mich belächeln ob der Beharrlichkeit, mit der ich diesem geringen Bock nachstellte. Aber so gern ich auch einen der ausgereiften, starken Böcke einmal strecke – im Vordergrund stand das nie. Das besondere Erleben und späteres, freudvolles Erinnern beim Anblick der Trophäe macht den Reiz aus. Dabei spielt das, was er auf dem Haupte trägt eine eher untergeordnete Rolle.

Schon wollte ich mich resignierend damit abfinden, dieses Böckchen nicht mehr wiederzusehen, da ich ihn kilometerweit vertrieben wähnte, als eines abends Hubertus der Unkalkulierbare meinen Ehrgeiz erneut anstachelte.

Der Weizen war in der Milchreife und ich saß an einem Schlage, um eine der zu Schaden gehenden Sauen auf die Schwarte zu legen. Meine Aufmerksamkeit wurde auf einen rotbraunen Fleck gelenkt, der im wunderschönen Kontrast zum flächendeckenden, gelblichen Farbton der Frucht stand. In Anlehnung an Wilhelm Busch hätte ich ausrufen mögen: »Hei, da sieht er voller Freude seinen Bock stehn – im Getreide.«

Da äste er – unruhig, mitten im Schlag, ständig aufwerfend und nach etwaigen älteren Herren sichernd, die ihm die Mahlzeit zu versalzen trachteten. Vielleicht beschäftigte ihn auch der Gedanke an eine mögliche Zahlung in die Wildschadensausgleichkasse.

Meine Gedanken, wie ich wohl nun doch dieses Bockes habhaftig werden könnte, wurden jäh unterbrochen, als ich – noch von Ferne – ein Grummeln vernahm. Wie elektrisiert war der Plan schnell gefasst: Runter vom Sitz, das Feld halb umrunden und im

Schutze eines Grabens und des daran stehenden Weidengebüsches dem Bock den Weg abschneiden.

Gedacht – getan. Schnellen Schrittes erreiche ich nach einer kleinen Viertelstunde den Graben. Die drückende Hitze und der schnelle Lauf hatten mich gehörig ins Schwitzen gebracht. Als ich in den Graben rutschte, musste ich feststellen, dass dessen Sohle nass und schlammig war. Jeder Schritt lies eine gewaltige Wolke von Mücken aufsteigen, die sich sofort auf meinen verschwitzten Kopf und die Hände stürzten.

Da musste ich aber nun durch. Gern hätte ich mir eine Zigarette angezündet, um mir so wenigstens etwas Abstand zu den blutsaugenden Quälgeistern zu verschaffen, wagte es aber auf Grund der unklaren Windverhältnisse nicht. Außerdem wollte ich meinem Böckchen den Schreck ersparen, einen qualmenden, schwitzenden und zerstochenen Jäger aus einem Graben auftauchen zu sehen.

Also überwandt ich, fluchend und mit dem Hut wedelnd, etwa 40 oder 50 Meter. Diese Distanz hatte ich mir noch vom Sitz aus berechnet, um auf Höhe des Bockes zu kommen. Freilich hätte er in der Zwischenzeit sonst wohin verschwinden können. Ich wollte diese Chance trotzdem nicht ungenutzt verstreichen lassen und vertraute wohl auch auf etwas Glück.

Vorsichtig erklomm ich die Grabenwand und schob mich am Stämmchen eines Weidenbusches in die Senkrechte. In der Tat – mein Bock war wohl einige Meter weitergezogen, äste aber unverändert etwa auf dem selben Fleck.

Langsam glitt der Drilling von der Schulter. Das Stämmchen der Weide nutzte ich zum Anstreichen der Waffe. Ich wartete, denn im hohen Getreide ragte er nur wenig mit dem Rücken und dem Haupt über die Ährenpracht hinaus. Der Schuss sollte natürlich waidgerechterweise breitseitig auf das Blatt erfolgen. Dazu musste außerdem noch durch eine der vorhandenen Lücken im Halmenmeer geschossen werden.

Während ich gespannt, der langsamen Fortbewegung des Bockes folgte, registrierte ich, dass der Wind merklich aufgefrischt hatte und es immer dunkler wurde. Das dumpfe Grollen eines nahenden Gewitters wurde immer lauter und die Abstände zwischen den Detonationen der himmlischen Artillerie immer kürzer.

Plötzlich raste ein roter Blitz durch das Getreide und hielt genau auf meinen Bock zu. Hohe Gehörnstangen mit weißblitzenden Enden auf dem Haupte dieses Geschosses in Rehgestalt, machten meinem Böckchen augenblicklich klar, dass er sein Heil nur in der sofortigen Flucht suchen könne. Fasziniert verfolgte ich die wilde Jagd der beiden Rehböcke, bis sie der Wald verschluckte und meinen Blicken entzog.

Mir wurde klar, dass ich zum wiederholten Male der Dumme war. Durchgeschwitzt, flächendeckend mit Mückenstichen verziert und schließlich um den Erfolg betrogen, überdachte ich meine Situation und konnte dabei – möglicherweise im Unterschied zu Ihnen, der wohlwollenden Leserschaft – nichts Erheiterndes finden. Außerdem entfaltete das Gewitter nun seine ganze Gewalt. Starker Regen durchtränkte jeden lodigen Faden nun auch noch von Außen, selbst in die Stiefel fanden kleine Rinnsale langsam ihren Weg. Dazu erreichten Blitz und Donner eine Stärke wie sie wohl Luther weiland seinen berühmten Schwur ablegen ließen.

Schicksalsergeben hockte ich in besagtem Graben und ließ das Ganze über mich ergehen. Der nachmittägliche Traum vom Mai fiel mir ein, der aber zur Aufbesserung meiner Gemütslage auch nicht beitrug.

Als endlich Sturzflut und Donnergedöns etwas nachließen, eilte ich zu meinem treuen zweirädrigem Gefährt, dass mir diesmal jedoch prompt den Dienst versagte. Nach Reinigung und Trocknung der Zündkerze konnte ich die Heimfahrt antreten – eine 32 Kilometer anhaltende Dauerdusche.

Endlich trocken in der behaglichen Wohnung schwor ich mir, bei Regen künftig auf alles mögliche zu jagen, aber nie wieder auf diesen Bock. Sollte ich ihn überhaupt je wieder sehen, konnte er sich meines respektvollen Grußes sicher sein – mit sofortigem prüfenden Blick zum Himmel. Bei dem musste doch evolutionär etwas schiefgelaufen sein, grollte ich. Möglicherweise sollte aus ihm ein Fisch werden, mit Hörnern – von mir aus.

Aber wie das so ist – schon am nächsten Morgen, einem Sonnabend, ertappte ich mich – Kaffee und frische Brötchen genießend – bei unlauteren Gedanken an den Regenbock. Ich betrachtete die Sache in meinem jugendlichen Stolz irgendwie als eine Frage der Ehre. Anders ausgedrückt: ich wollte mir die Niederlage nicht eingestehen. Ein Blick auf den Balkon unserer Stadtwohnung hätte mich eigentlich eines Besseren belehren sollen. Dort hing noch immer mahnend, verdreckt und feucht das Kleiderzeug vom Vorabend. Meine Frau hatte sich standhaft geweigert, diese Kledage unserer neuen und damals teueren Waschmaschine zuzumuten.

Am Sonntagmorgen fand ich mich wieder an jenem Weizenschlag – rein zufällig – redete ich mir ein. Schließlich galt die Pirsch den Sauen, die bereits erheblichen Schaden angerichtet hatten. Und tatsächlich traf ich bei sachter Pirsch an der Grenze zwischen Wald und Feld auf eine Rotte Überläufer – einjährige Wildschweine also – die wohl nach nächtlicher Schlemmerei im milchigen Weizen ein Dessert in Form von Würmern, Eicheln und dergleichen am Waldrand suchten.

Im ersten Licht schoss ich, das Stück rutschte im Feuer zusammen und war nach kurzem Schlegeln der Läufe verendet. Die Anderen gingen in wilder Flucht ab und waren noch durch brechende Äste und knisterndes Reisig zu hören.

Froh über dieses zeitige Waidmannsheil machte ich mich schnell an die »rote Arbeit«, verblendete das Stück mit Ästen und Zweigen und setzte meine Pirsch fort.

K.P. Reif

Mittlerweile war der junge Tag hell geworden und ich konnte mit dem Fernglas das Feld vom Walde aus ableuchten. Es war – auch auf weitere Entfernung – nichts auszumachen. Sicher hatten mir die Damen und Herren im roten oder schwarzen Kleid den frühen Knall übelgenommen und sich zu vorzeitiger Ruhe in die schützende Deckung des Waldes begeben.

Schon überlegte ich meinen frühen Gang im Waldesinneren fortzusetzen, um womöglich noch auf einige Nachzügler der schläfrigen Gesellschaft zu treffen, als ich am Ende meines Blickfeldes, an eben jener Waldkante, einen roten Wisch zu sehen glaubte. Der Blick durchs Fernglas brachte nichts – vielleicht nur Einbildung?

Nichtsdestotrotz pirschte ich vorsichtig voran, immer den Feldrain und den Saum des Waldes scharf beobachtend. Da sehe ich auf vielleicht 40 oder 50 Schritt tatsächlich eine rote Decke im Grase, zwischen den ersten Bäumen leuchten. Das Stück hebt das Haupt und mich trifft fast der sprichwörtliche Schlag. Da steht er, der Regenbock, äugt mich an und malmt dabei ein zartes Pflänzchen im Äser, das dabei rechts und links wippend heraushängt.

Der respektvolle Gruß blieb aus, der prüfende Blick zum Himmel ebenso. War auch nicht vonnöten, denn ich verspürte auf der Haut die ersten Tropfen eines einsetzenden sachten Regens. Warum wunderte mich das eigentlich nicht?

Alle Vorsätze und Überlegungen – zum Teufel damit. Dieser Versuch musste gemacht werden, jetzt galt es! Als der Bock sein Haupt erneut ins Gras taucht, bin ich mit einigen schnellen Schritten auf einer kleinen Erhebung im Gelände und streiche den Drilling an einem Stamm an.

Plötzlich zieht der Bock in Richtung Wald, ständig durch jedwede Art von Vegetation gedeckt. Da besinne ich mich auf einen alten Trick, der bei der Jagd auf jüngere Rehböcke öfter klappt. Als er eine Lücke zwischen den Stämmen überqueren muss, pfeife ich kurz und scharf durch die Zähne, was ihn augenblicklich stoppt. Den Drilling habe ich schon vorher im Anschlag und nach kurzer Korrektur des Zielstachels aufs Blatt lasse ich fliegen.

Im Knall reißt es den rotbraunen Gesellen von den Läufen.

Zwei Eichelhäher kommentieren das Geschehene mit lautem Spektakel und eine Amsel keckert ihren Unmut im Laub neben mir in den Wald. Ein eigentümliches Gefühl aus Wehmut über das Ende einer Geschichte will mich beschleichen, doch als ich herantrete und die schwachen Stangen betrachte, bin ich doch froh und irgendwie auch glücklich.

Wenn ich heute die kleine Trophäe an der Wand sehe, lasse ich das Geschehen gern Revue passieren und genieße die stille Freude der Erinnerung. Nur manchmal will mir dabei scheinen, als werde meine Haut von oben mit Wasser benetzt …

Die schwarze Amazone

Dieser April machte seinem Namen alle Ehre. Am späten Nachmittag saß ich im freundlichsten Sonnenschein am steilen Ufer eines Sees im nördlichen Brandenburg. Ich hatte einen weiten Rundblick über das Wasser, Schilf, Wiesen und Wald. Binnen weniger Minuten frischte der Wind auf und jagte große Wolkenberge heran. Bald fielen große, schwere Schneeflocken, welchen den Wiesenboden in einen Flickenteppich in weißer und grüner Maserung verwandelten. Darin eingesprenkelt ragten nur braune, kleine Hügel heraus, denn die Maulwürfe hatten das einsetzende Frühjahr für ihre markante Arbeit fleißig genutzt. So schnell das Schneetreiben eingesetzt hatte, verschwand es auch wieder, und bald lag die Landschaft wieder im Sonnenschein wie frischgewaschen vor mir. Der Wind legte sich. Die Luft roch schwer nach Lehm und vergehendem Laub. Die Bäume und Sträucher, welche eben noch weiß überpudert waren, verloren diesen vergänglichen Schmuck im Nu. Dafür hingen an den Ästen und jedem noch so kleinem Zweig Millionen von Wassertropfen, in denen sich die Strahlen der tiefstehenden Sonne brachen. Diese prangten nun wie abertausende kleiner Juwelen, in den allerschönsten reinen Farben. Fiel einer zu Boden, bildete sich sogleich ein Neuer, dessen Glanz ganz anders, aber nicht minder prächtig anzusehen war. Ich genoss diesen Anblick, bis schließlich die untergehende Sonne dem faszinierden Schauspiel ein Ende bereitete.

Eine Amsel hatte in einer Birke neben mir ihr Liebeslied angestimmt und schickte ihren melodischen Gesang in den anbrechenden Abend. Auf dem Wasser dagegen ging es rauer zu. Diverses Wassergeflügel stritt sich um die besten Reviere und Brutplätze mit lautem Getöse, flügelschlagend und Schnabelhiebe austeilend.

Im Kontrast zu der lärmenden Gesellschaft zog ein Schwanenpaar ruhig seine Bahnen, erhaben und majestätisch.

Auf der Wiese ließ sich mittlerweile hier und da ein Stück Rehwild blicken und auch Meister Reinecke ließ nicht lange auf sich warten. Keck stand die Standarte steil nach oben und schwankte leicht hin und her. Der Rote schien guter Laune zu sein, wohl in Aussicht auf eine dicke Maus, die ihren gefluteten Bau verlassen musste.

Durch ein hartes Knacken wurde ich augenblicklich aus meinen amüsierten Betrachtungen gerissen. An der Spitze des Sees endete der geschlossene Schilfgürtel und es schloss sich ein Erlenbruchwald an. Dort wusste ich einen starken Wechsel und meine gespannte Aufmerksamkeit richtete sich auf jene Stelle. Es dauerte noch eine kleine Weile, dann schob sich ein riesiger schwarzer Wildkörper in die Lücke zwischen Schilf und Erlen. Schon keimte die Hoffnung in mir auf, tatsächlich einen reifen Keiler vor mir zu haben, als mich der angestrengte Blick durchs Fernglas eines Besseren belehrte. Das Stück dort war eine Bache – und was für eine! Hoch und lang im Gebäude füllte sie die von Bewuchs freie Stelle vollständig aus. Unmittelbar hinter ihr quirlten Frischlinge durcheinander, deren genaue Anzahl ich freilich, durch die ständige, flinke Bewegung der kleinen Rasselbande und das schwindende Licht, nicht genau feststellen konnte.

Eine ganze Weile später, nachdem die letzten Geräusche der abziehenden Rotte verklungen waren, verließ ich hochzufrieden meinen Sitz. War ich doch voller Freude über den Anblick und hoffte inständig, die Rotte möge ihren Einstand noch eine Weile in diesem störungsarmen Gelände beibehalten. Ich nahm mir vor, dieses Gebiet vorläufig möglichst weiträumig zu meiden.

Etwa zwei Wochen später beschwerte sich ein Bauer, dass die Sauen eine seiner Koppeln in den vergangenen Nächten arg heimgesucht hätten und die Grasnarbe stellenweise »umgeackert« wäre. Ich fuhr bei erster Gelegenheit vorbei und stellte schon von

Weitem, beim Abglasen fest, dass der Mann tatsächlich Recht hatte. Das Wochenende stand vor der Tür und so war ich am Samstag morgens zur Stelle. Im ersten Licht pürschte ich, das kupierte Gelände ausnutzend, zu einem Strommast, unter welchen mir Strauchbewuchs Deckung gab. Ich wäre die Sache gern vom Wald aus angegangen, aber der Wind ließ mir keine andere Wahl, als möglichst eilig über das freie Gelände zu wechseln. Am Mast angekommen, hatte ich Einblick in eine weitgestreckte Senke und stellte zu meiner Freude fest, dass vier Überläufer in etwa fünfzig bis sechzig Meter Entfernung noch völlig vertraut brachen. Der Kontrollblick durchs Glas bestätigte, was ohnehin anzunehmen war – ein Jungesellenclub, alle etwa gleich stark. Ich setzte mich gar nicht erst hin, stach ein und ließ auf den Breitstehenden fliegen. Das Stück brach wie vom Blitz getroffen zusammen. Sofort lud ich nach, dabei immer nach dem Schwarzkittel schauend, denn obwohl ich gut abgekommen war, hielt ich einen Krellschuss für nicht ausgeschlossen. Unnötig, wie sich glücklicherweise herausstellte.

Die Anderen drei gingen in großen Fluchten ab und waren hinter der nächsten Kuppe verschwunden. Zu meiner Verblüffung tauchten sie jedoch kurze Zeit später links von mir wieder auf und trollten auf etwa dreißig Meter an mir vorbei. Manchmal muss man die Feste feiern wie sie fallen – also fuhr ich mit und riss erneut Funken.

Zunächst gingen alle drei hochflüchtig und gemeinsam ab. Dann sah ich ein Stück immer langsamer werden und allein ins Schilf eintauchen, während die beiden anderen stracks dem Walde zustrebten und von diesem verschluckt wurden. Ich wartete die berühmte Zigarettenlänge ab und vergewisserte mich zwischenzeitlich, dass das erstbeschossene Stück unverändert lag. Schließlich ging ich zum Anschuss des zweiten Überläufers und fand zu meiner Erleichterung gleich Schweiß – hellrot mit kleinen Bläschen. Ein Lungenschuss also – Hubertus sei Dank!

Mit der beruhigenden Gewissheit, dass der zweite Schwarzkittel nicht weit liegen könne, machte ich mich an die »rote Arbeit« und schleppte den geringen Überläufer auch gleich zum Auto. Auf der freien Wiese gab es keine Äste und Zweige zum Verblenden. Aber da es mittlerweile heller Tag war, wollte ich sichergehen, dass die zahlreichen Kolkraben, welche schon über mir kreisten, mein Schwein nicht mit einem Gourmetfrühstück verwechselten.

Der Schweißfährte des zweiten beschossenen Stückes zu folgen, war unter den gegebenen Umständen auch ohne Hund vertretbar. Und doch: Als ich an der Schilfkante ankam, musste ich unwillkürlich denken wie schön es doch wäre, wenn ich meine »Uta« noch hätte! Ob es wohl einen Hundehimmel gibt?

Ich nahm das Zielfernrohr vom Drilling und drang in das Schilfgewirr ein. Wenn ich auch auf dem Boden keinen Schweiß wegen des Wassers und Morastes mehr finden konnte, zeigte mir doch die rote Benetzung und Einfärbung des Schilfes den richtigen Weg. Es dauerte auch nicht lange. Nach vielleicht fünfzehn, zwanzig Metern stand ich vor dem verendeten Schwarzkittel.

Ich beschloss, das Leichtgewicht bis ans Ufer und damit festen Boden zu ziehen, um Verunreinigungen des aufgebrochenen Stückes zu verhindern. Als ich wenige Meter geschleppt habe, bricht, nur wenig weiter plötzlich die Hölle los. Blasen, Platschen, knackendes Holz – eine Rotte Sauen geht ab. Beim Auswechseln in den Wald sehe ich die mächtige Gestalt der starken Bache. Unverkennbar, beeindruckend, kolossal! Wie der hochstehende Wurzelteller eines vom Wind geworfenen Baumes verharrt sie noch einige Augenblicke und wartet bis der letzte ihrer Sprösslinge in den Erlen angekommen ist. Wie ein Wachposten, muss ich unwillkürlich denken, Beschützerin der Ihren.

Auf dem Weg nach Hause treffe ich an der Reviergrenze meinen Nachbarn Manfred. Er hatte beide Schüsse gehört und später von Ferne mein Auto stehen sehen. Nach aufrichtigem Waidmannsheil erzählt er mir von einer außergewöhnlich starken Bache, die er Tage zuvor morgens zu Holze ziehen sah. Ich bringe ihn auf meinen Kenntnisstand und wir freuen uns gemeinsam über die Anwesenheit der schwarzen Dame.

Wochen vergingen, ohne dass ich meiner gewichtigen – und das darf man wörtlich verstehen – »Freundin« auch nur einmal angesichtig wurde. Es mag Ende Mai oder Anfang Juni gewesen sein, als ich an einem Getreideschlag an der Wald-/Feldkante sitze. Im letzten Licht bin ich eben im Begriff abzubaumen, als mich ein leises Knacken hinter mir einhalten lässt. Möglicherweise der heimliche Bock mit den knuffigen, schwarzen Stangen auf den ich mich schon im Vorjahr vergeblich versucht hatte? Das Knacken wiederholt sich mehrmals, mal rechts, mal links hinter meinem Sitz. Offensichtlich scheut sich das Stück – was immer es sein mochte – ins Freie zu wechseln. Ich sitze wie erstarrt, wage nicht die geringste Bewegung, obwohl die Mücken mich immer ärger plagen.

Urplötzlich steht – ohne dass ich das geringste Geräusch gehört hätte – ein riesenhafter schwarzer Wildkörper im Getreide. Kein Zweifel, das ist sie, die Amazone, wie ich sie im Stillen nenne. Um dieses Schwein zu erkennen, muss ich kein Fernglas mehr benutzen. Welche Bache ragt schon zwei Handspannen oder mehr über das Getreide hinaus?! Das Gebrech streckt sie weitmöglichst nach oben und zieht deutlich hörbar die Luft ein, um zu prüfen, ob da möglicherweise ein Hauch von Witterung ist, der hier nicht hingehört. Etwa halbkreisförmig mit einem Radius von vierzig, fünfzig Metern, zieht sie um meinen Sitz, dabei immer wieder die Luft prüfend. Was für ein Anblick!

Schließlich wechselt sie wieder in den Wald ein und ich ahne schon was jetzt kommt. Und richtig: nach wenigen Minuten wird es laut im Wald und die ganze Rotte schiebt, drängelt und stößt sich ins Freie. Dabei ist nichts mehr von Vorsicht zu spüren, die Oberbefehlshaberin hat schließlich alles überprüft.

Die Rotte ist gewaltig angewachsen, andere Bachen haben sich mit ihrem Nachwuchs dazugesellt. Auch einige Überläufer scheint die Chefin wieder in ihrer Truppe zu dulden. Insgesamt zählt man die Häupter ihrer Lieben wohl auf über dreißig Stück.

Ich befürchtete nun, dass die gesamte Kompanie das Getreide buchstäblich zur Sau machen würde. Zu meiner Erleichterung zog die ganze Gesellschaft, aber ohne großen Aufenthalt, durch und verschwand im Wald jenseits der Reviergrenze.

Wenige Wochen später stand der Weizen in der Milchreife und es kam was kommen musste. In wenigen Nächten war erheblicher Schaden entstanden. Meine Überprüfung an Hand des Fährtenbildes ergab eindeutig, dass hier keine vagabundierende Überläuferrotte am Werke war, sondern eine große Rotte kompakt zu Felde zog. Und schließlich fand ich nach nächtlichem Regen dieses außergewöhnlich starke Trittsiegel ...!

Abends saß ich bis ins letzte Licht und vor Tau und Tag war ich schon wieder vor Ort. Schließlich sah ich von Weitem eine starke Rotte morgens zu Holze ziehen, angeführt von einer Bache, die deutlich über das Halmenmeer hinausragte.

Ich musste mir etwas einfallen lassen, mein guter Ruf stand auf dem Spiel. Der freundliche Gruß der Bauern fiel schon knapper aus, wollte mir scheinen. Endlich erklärte mir einer, der das Sagen hatte sinngemäß, ich sei zwar ein passabler Zeitgenosse und Jäger, aber, wenn ich nicht sofort etwas gegen die Schweine unternähme, würde ich in Sachen Wildschaden erheblich zur Kasse gebeten.

Recht hatte der Mann – schließlich musste er mit dem Ertrag der Felder seinen und anderer Lebensunterhalt verdienen.

Aber ich? Wie bewacht man einen Getreideschlag, der wohl um die achtzig Hektar groß war? Zudem hatte ich beruflich im Ausland zu tun. Freunde, die ich um Unterstützung bat, halfen und immerhin gelang es, den Schaden nicht mehr merklich anwachsen zu lassen.

Ich sehnte den Tag des Drusches herbei, aber noch waren Wochen zu überbrücken. Nach einiger Zeit relativer Ruhe fährtete ich plötzlich wieder die große Rotte. Jetzt musste ich zu ungewöhnlichen Mitteln greifen, wohl wissend, dass jede Maßnahme nur eine unzulängliche Hilfskrücke, angesichts der Größe dieses Feldes sein würde.

Meine Söhne, denen ich unvorsichtigerweise mein Auto lieh, hatten in der Musikanlage eine kleine, silbrige Scheibe vergessen, die einen rhythmischen Geräuschpegel erzeugt, den man »Techno« nennt. Die Entdeckung machte ich, als ich eines morgens nichts ahnend einschaltete und mir fast die Gehöre wegflogen.

Diesen Umstand machte ich mir nun zu Nutze und fuhr nachts an den genannten Getreideschlag. Ich ließ alle vier Scheiben herunter, setzte den Gehörschutz auf, den ich sonst auf dem Schießstand trage, und drehte auf. Im Schritttempo umrundete ich das Feld, stieg ab und zu aus und schoss mit Schrot in die Luft. Wie ich mich dabei fühlte, bleibt der Phantasie des geneigten Lesers überlassen; ich jedenfalls will es nicht in Worte fassen, weil ich sonst der deutschen Sprache arge Gewalt antun müsste.

Wenige Tage später kam ich vom abendlichen Ansitz und begegnete meinem Nachbarn Manfred, der mir ziemlich empört erzählte, da müssten wohl junge Leute mitten im Revier eine Feier veranstaltet haben, er wisse nicht genau wo, es hätte sich angehört, als wenn die ständig ihren Standort gewechselt hätten. Böller seien auch abgeschossen worden.

Ich war froh, dass die Nacht ihren dunklen Mantel über uns gelegt hatte, denn mir wurde heiß und kalt und bei Tageslicht wäre der Schwindel angesichts meines erröteten Gesichts wohl offenbar geworden. So schimpfte ich ein bisschen mit und war froh, als ich wieder im Auto saß.

Um es vorwegzunehmen: Das schlechte Gewissen, diesen ehrlichen, gut zu leidenden Waidgenossen so beschwindelt zu haben, setzte mir tüchtig zu und ich gestand ihm den wahren Sachverhalt kurze Zeit später. Er hat herzlich darüber gelacht und ich hatte meinen Seelenfrieden wieder.

Endlich war das Getreide reif und die Mähdrescher schnitten eines Freitags am Nachmittag große Schneisen gitterförmig in die Frucht. Am nächsten Morgen kauerte ich mich auf einen kleinen Hügel, am Rande einer der Schneisen und wartete auf das erste Tageslicht. Auf diesem Hügelchen stand eine Jule, an deren Stange ich die Waffe anstreichen könnte, kalkulierte ich. Doch es sollte, wie so oft, ganz anders kommen.

Kaum weichen Schatten und Schemen ersten klaren Konturen, sehe ich über den verbliebenen Halmen einen langen, schwarzen Rücken herausragen. Natürlich bin ich sofort im Bilde wer da kommt. Zufrieden stelle ich fest, dass die Rotte in Richtung meiner Schneise zieht, ruhig und vertraut. Der Wind passt auch und so warte ich gespannt ab. Nach einer kleinen Weile will mir scheinen, dass die ganze Gesellschaft zu weit unten in der Schneise ankommen wird, sollte sie die augenblickliche Richtung beibehalten. Also los, ich ducke mich so tief ich kann und arbeite mich fünfzig, vielleicht sechzig Meter vorwärts. Schon höre ich die Schwarzkittel neben mir, als meine gewaltige Bache etwa dreißig Meter vor mir steht. Augenblicklich hat sie mich ausgemacht. Statt aber zu wenden und in der schützenden Deckung der Halme zu verschwinden, macht sie einige Schritte auf mich zu. Längst bin ich aufgestanden und warte.

Die ersten Stücke der großen Rotte überqueren hinter der riesigen Leitbache die freie Fläche, gar nicht eilig, eher im Troll.

Wir stehen uns gegenüber – die »Amazone« und ich. Ohne große Schwierigkeiten hätte ich ein Stück aus der Rotte herausschießen können, aber was dann? Die Bache ließ keinen Zweifel daran, dass sie mich nach dem ersten Schuss annehmen würde. Ihr Verhalten ließ keinen anderen Schluss zu. Jedenfalls wäre ich dann gezwungen gewesen auf sie zu schießen und das wollte ich auf gar keinen Fall.

K.P. Reif

Erst als das letzte Stück die Schneise überquert hatte, setzte sie sich selbst in Bewegung und verhoffte noch einmal vor der gegenüberliegenden Getreidekante. Ich war in Versuchung, militärisch zu salutieren, zog statt dessen den Hut und rief ihr ein fröhliches »Horrido« hinterher.

Das Sprichwort sagt, die Jagd sei alt und doch alle Tage neu, anders ausgedrückt, man lernt nie aus.

Seither habe ich sie nie wiedergesehen, diese außergewöhnliche Erscheinung. Nur einmal noch war sie wohl in meiner Nähe, ohne dass ich sie zu Gesicht bekam. Der folgende Januar war mild, viel zu mild. Die Sauen nutzten diese Witterung und brachen die Koppeln großflächig um. Ich improvisierte eine kurzfristig angesetzte Drückjagd, um Abhilfe zu schaffen. Wenige, tüchtige Treiber und einige gute Schützen mussten für ein Treiben am Sonntag nachmittags genügen.

Mein Freund Horst schoss mit gewohnt sicherer Hand eine Doublette und zwei Frischlinge lagen im Knall. Aber auch Jörg zirkelte eine saubere Kugel in eine Lücke im Schilf und streckte einen weiteren Frischling. Mir selbst gelang ein Kugelfuchs und so war ich recht zufrieden mit dem Ergebnis. Als wir alle um die Strecke standen und uns an der Stärke der Frischlinge freuten, kam ein völlig »aufgelöster« Treiber verspätet bei uns an und berichtete, er habe eine extrem starke Bache am Rande des Schilfes gesehen. Ein »Urvieh«, wie er meinte.

Gern würde ich wissen was aus ihr geworden ist. Da ich es aber sicher nie erfahren werde, bleibt nur die Hoffnung, dass uns Mutter Natur immer mal wieder solch ein Prachtexemplar beschert und dass außerdem Vernunft und waidgerechte Gesinnung dafür sorgen, dass ein solches Stück auch alt werden kann.

Hundstage und ein reifer Bock

Offenbar ist es besonders schwierig, die richtigen Worte zu finden, wenn einem das Herz warm wird und die Seele berührt ist. Bei mir stellt sich dieser Zustand beinahe regelmäßig ein, wenn ich meine thüringische Heimat beschreiben soll, besser noch, mein Verhältnis zu ihr. Mag sein, dass es die Vielfalt in der Landschaft ist, die immer wieder aufs Neue beeindruckt. Auch das sehr offene und aufgeschlossene Wesen der Menschen spielt sicher eine Rolle. Oder ist dies alles nur von mir subjektiv eingefärbt und durch Erinnerung an die Kindheit verklärt?

Wie auch immer, dieses kleine Land hat etwas Besonderes.

Ich habe großartige Landschaften auf dieser Welt gesehen, den tropischen Regenwald, die Wüsten im südlichen Afrika, die Gletscher nördlich des Polarkreises und Andere. Diese gewaltige Natur vermittelt Ehrfurcht und nachdenkliche Demut. Wie klein und unbedeutend der einzelne Mensch in der großen, ewigen Natur ist, wird einem dabei bewusst.

Spektakuläre Dinge findet man wohl kaum im Land zwischen Saale, Werra, Ilm und Elster. Es sind, denke ich, die vorherrschende Harmonie, der sanfte Wechsel zwischen den einzelnen Gegenden und Ausblicken und wohl auch die Geschichtsträchtigkeit dieser uralten Kulturlandschaft, die anrühren.

Mich jedenfalls hat es immer wieder heimgezogen, wo auch immer ich war. Sicher spielt dabei auch eine Rolle, dass ich durch die Umstände zweimal als Kind ziemlich abrupt aus der gewohnten Umgebung gerissen wurde.

Wenn ich heute auf der Autobahn aus Richtung Norden komme und die ersten Fichtenwälder zu sehen sind, so ist dies immer wieder als grüßten sie herüber: »Willkommen zu Hause!«

Das Wiedersehen wird dann aber sofort handfest, oder sollte ich sagen bissfest? Kaum dem Moloch Autobahn entronnen, suche ich den ersten auffindbaren Verkaufsstand heim, um eine oder auch mehrere der herrlichen Rostbratwürste zu genießen, die uns auf dieser Welt so schnell keiner nachmacht. Dafür stehe ich als Kronzeuge zur Verfügung.

Es mag wohl um die dreißig Jahre her sein, da fuhr ich auch auf dieser Autobahn, allerdings nicht komfortabel in einem größeren PKW sondern auf einem Moped namens S 50. Ich hatte für die heimische Jägerschaft, die damals Jagdgesellschaft hieß, verschiedene Untersuchungen am Rehwild durchgeführt und so beschloss man, mir einen reifen, alten Bock zum Abschuss freizugeben. Nach Überwindung diverser bürokratischer Hürden, konnte ich sogar einen mir gut liegenden Drilling nach Thüringen überführen.

So knatterte ich also los und überwand die Distanz von über vierhundert Kilometern. Sicherlich ein eigenartiger Anblick, wie mir die Blicke überholender Autofahrer bald klarmachten. Da fährt einer auf der Autobahn, im grünen Anzug, mit Gummistiefeln, einem Gewehr auf dem Rücken und einen Rucksack hinten aufs Gefährt geschnallt. Es ging alles gut, nur meinen Allerwertesten musste ich auf Parkplätzen durch gymnastische Übungen zum Durchhalten bewegen.

Die Vorfreude auf diese Urlaubswoche war eine besondere, kannte ich doch die Wälder um das kleine ostthüringer Städtchen von Kindesbeinen an gut. Ob Schmuckreißig, das in der heimischen Gärtnerei verarbeitet wurde, zu schneiden, Himbeeren auf Schlaghängen zu sammeln oder Pilze im feuchten Herbst zu suchen – immer gaben die Wälder einen Grund und manchmal auch nur einen Vorwand, um in ihnen zu sein. Schlimm wurde es, wenn das Ende der Schulferien näher rückte und damit auch der Abschied unweigerlich bevorstand. Dann verkroch ich mich förmlich und suchte Trost unter den alten Fichten, so oft es nur ging.

Später dehnte ich meine Streifzüge aus. Hier lernte ich, den roten Bock in der Blattzeit herbeizufiepen. Bis ich dies beherrschte, habe ich wohl etliche der Herren gründlich vergrämt, denn mehr als einmal sah ich sie trotz ihres Liebestaumels in hohen Fluchten abspringen. Aber irgendwann hatte ich – wie man landläufig sagt – den Bogen raus und vermochte, gut getarnt, manchen Bock bis auf wenige Meter an mich heranzulocken. Manchmal denke ich, dabei mehr gelernt zu haben als heute, wo oft die Büchse das letzte, endgültige Wort spricht.

Die drei Jäger, in deren Pirschbezirken ich nun waidwerken durfte, waren Harry, der Jagdleiter, Heinz, ein pensionierter Polizist und Günther, ein Lehrer. Zu allen hatte ich ein gutes, freundschaftliches Verhältnis und so waren die Männer ehrlichen Herzens an meinem Waidmannsheil interessiert und geizten nicht mit gutgemeinten Hinweisen. Ich hörte genau zu und hatte auf grund meiner Ortskenntnis keine Probleme, mir eine Strategie zurechtzulegen.

Nach einem Gewitterregen fährtete ich ab, suchte Plätz- und Fegestellen und war beinahe ständig im Revier. Selbst um die Mittagszeit war ich zur faulen Pirsch unterwegs und schoss dabei einen Jährling, dessen kümmerliches Gehörn kaum auszumachen war – einen Knopfbock.

Windstill war es in diesen Tagen und stechend heiß drückte die Sonnenglasst auf Wald und Flur. Es war, als erstürbe das Leben am Tage und regte sich erst gegen Abend wieder, wenn die nahende Nacht Linderung versprach.

Eines nachmittags, wohl in der fünften Stunde, bauten sich gewaltige Wolkenberge am westlichen Horizont auf. Fernes Grummeln kündigte an, dass Donar sein Regiment auszuüben gedachte. Ich half noch schnell, das zum Trocknen breitliegende Heu zusammenzuharken und kaum war die eilige Arbeit beendet, brach das Unwetter los. Der Himmel öffnete alle Schleusen, begleitet von den Urgewalten Blitz und Donner. Vergnügt saß ich am

Fenster und beobachtete das Naturschauspiel voller Vorfreude. Danach würde jedes Stück Wild ins Freie treten, um sich die eingeweichte Decke trocknen zu lassen. Darauf hatte ich gewartet!

Nach einer reichlichen halben Stunde ließ der Regen nach, die Donnerschläge wurden seltener, und hier und da zeigte sich auch bereits wieder ein kleiner Fleck blauen Himmels.

Ich schwang mich aufs Zweirad und war in wenigen Minuten im Revier. Das Moped versteckte ich in einer Hecke, baute den Drilling zusammen und strebte mit schnellen Schritten dem Saum des Waldes zu, wollte ich doch sitzen, bevor das Wild heraustrat.

Gleißendes Licht blendete mich, zeitgleich mit einem ohrenbetäubenden Knall. Eine Druckwelle schlug mir entgegen und ich stand zitternd, ohne sofort zu begreifen, was eigentlich geschehen war. Erst als ich am Traufrand des Fichtenaltholzes vor mir einen der Bäume dampfend und mit zerspreisselter Krone wahrnahm, wurde mir klar, dass ein später Blitz die Ursache darstellte.

Was hatte ich vorher für schlaue Sprüche zur Hand, wenn das Thema Gewitter diskutiert wurde. Spöttisch schwadronierte ich da über die statistisch geringe Wahrscheinlichkeit, vom Blitz getroffen zu werden und hatte in meinem jugendlichen Übermut kein Ohr für die leisen, mahnenden Worte der Älteren.

Jetzt hatte ich mein Lehrgeld bezahlt. Was, wenn ich nur ein oder zwei Minuten schneller gewesen wäre? Jedenfalls habe ich gehörigen Respekt bis heute. Angst? Nein, Angst ist es nicht. Angst lähmt nur. Aber Respekt vor den unkalkulierbaren Naturgewalten. Die Worte eines unserer Klassiker fallen mir ein: »… und der Mensch versuche die Götter nicht!«

Nachdem ich den Schock überwunden hatte, passierte ich den Pfad neben dem getroffenen Baum und nahm einen schwefligen Geruch war, der in der feuchtigkeitsschwangeren Luft hing. Immer noch etwas benommen, vertrat ich wie ein blutiger Anfänger wenig später zunächst einmal ein Stück Rehwild, welches eben im Begriff war auszuwechseln. Laut schreckend sprang es ab, ohne dass ich es zu Gesicht bekam. Ich schalt mich selber Esel und forderte innerlich die gewohnte Sorgfalt beim Pirschen ein. Der kundige Waidmann weiß schon: »Pirschen gehen, ist Pirschen stehen!«

Ich hatte mir einen Hochsitz am oberen Rand eines Schlages ausgesucht, der in westliche Richtung wies. Sollten die Wolken gewichen sein, würde die abendliche Sonne diese Fläche bescheinen und dem Rehwild schnelle Trocknung verschaffen. Zudem wuchsen Himbeeren und andere Leckerbissen, die freilich die Böcke momentan nicht so sehr interessieren dürften, dafür aber das Objekt ihrer Begierte, das weibliche Wild, um so mehr.

Endlich auf dem Sitz, freute ich mich zunächst erst einmal an diesem stimmungsvollen Abend. Ruhig schickte das Tal der Weida einzelne Dampfschleier herauf, welche die wundersamsten Gebilde formten. Kaum angeregt, diesen durch die eigene Phantasie Inhalt und Namen zu geben, zerfloss das Ganze, um sogleich in neuer, völlig anderer Gestalt wiedergeboren zu werden.

Im dichten Bestand hinter mir rann und tropfte es noch immer von Ästen und Zweigen, während auf der Freifläche die Sonne immer mehr die Oberhand gewann. Im Wald regnet es eben immer zweimal, nämlich während des eigentlichen Regengusses und dann, wenn es im Freien bereits von oben her trocken ist. Dieser alten Wahrheit eingedenk, war ich froh, dass über meine hohe Warte ein kleines Dach gebaut war. So saß ich recht komfortabel und trocken.

An einem Fichtenzweig seilte sich neben mir eine kleine Spinne ab und ich beobachtete vergnügt den kleinen Artisten, wie er sein eigenes Tau herstellte, um schließlich daran zu pendeln. Kaum war es gelungen, das nächste Zweiglein zu klammern, wurde der Faden dort arretiert. So wob das Insekt emsig sein fragiles Netz, dessen Fertigstellung ich aber nicht weiter beobachten konnte, da sich ein Naturschauspiel viel größerer Dimension darbot. Ein Regenbogen spannte sich über die Wipfel des tiefgrünen Fichtenwaldes, die steilen Hänge des Tales und zerfloss sanft auf dem leuchtend gelben Teppich der Getreidefelder am jenseitigen Horizont. Das kompakte Blau der schiefergedeckten Häuser und der Kirche des kleinen Dorfes, an eben jenem fernen Horizont, bildete einen einprägsamen Kontrapunkt zu den üppigen Farben im weiten Rund. Welch wunderschöne, beinahe berauschende und doch völlig natürliche Pracht!

Das aufgeregte Kreischen eines Eichelhähers riss mich aus meinen Betrachtungen, ein zweiter fiel – wie fast immer – umgehend ein. Nun traute ich dem Markwart schon lange nicht mehr – jedenfalls nicht was seine Zuverlässigkeit betrifft, anwechselndes Wild anzukündigen. Zu oft schon hatte ich den Eindruck, der kreischt auch aus purem Übermut, was allerdings sein gutes Recht ist. Erst als auch eine Amsel schimpfte und schließlich auch das Rotkehlchen mit seinem Ruf warnend zu hören war, stand ziemlich fest, dass sich etwas tat. Gespannt glaste ich über den Schlag und entdeckte auch bald im unteren Drittel des vor mir liegenden Hanges eine rote Decke zwischen Himbeerranken, einige alte Stubben und einzelne Gruppen des zur Blüte ansetzenden Waldweidenröschens. Ein allerliebstes Schmalrehchen äste friedlich nach Rehmanier, indem es bald hier ein Blatt, bald dort einen Halm auswählte und so tat, als hätten wir nicht Sommer und die hohe Zeit seiner Art. Ich mochte nicht glauben, dass die Jungfer, unbeachtet von ihren männlichen Artgenossen, durchs Leben schritt – jedenfalls nicht in diesen Wochen. So suchte ich unentwegt nach einem Freier für das rotbraune Mädel, den es meiner Überzeugung nach geben musste.

Endlich entdeckte ich am gegenüberliegenden Bestandesrand ein etwa halbmannshohes Bäumchen, dessen Spitze ruckartig hin und her geworfen wurde. Das war nun eindeutig, dort drüben fegte einer, na fein! Gespannt wartete ich, dass der Bock seines eifrigen Tuns überdrüssig würde und der jungen Dame seine Aufwartung machte, wie es sich gehört. Das tat er wenig später dann auch – allerdings kam der gleich zur Sache, indem er schnurstracks zuwechselte und zu treiben begann. Mit langgestrecktem Träger, den Windfang tief auf der Fährte des Schmalrehs, verfolgte er beharrlich ihren Gang. Nach mehreren Schleifen und Widergängen, verlor ich beide aus meinem Gesichtsfeld in den Tiefen des Talgrundes.

Dieser Bock mochte drei, vielleicht vier Jahre alt sein und hatte ein ordentliches Sechsergehörn mit langen Sprossen und gut vereckt geschoben. Wenn er noch Masse zulegte, mochte aus ihm in zwei, drei Jahren ein braver Erntebock werden. Im Stillen schickte ich meine guten Wünsche für umfangreichen Nachwuchs hinterher und fand, dass die Welt in Ordnung sei.

War sie nicht, wie sich herausstellen sollte. Am jenseitigen Saum des alten Holzes machte ich eine Rehdecke aus, urplötzlich, ohne dass ich etwas von Anwechseln gehört oder gesehen hätte. Auch meine gefiederten Freunde in Wipfel oder Strauch hatten diesmal nichts gemeldet. Die Färbung dieses Rehs war nicht rötlich, eher ein fahles Gelb, untypisch für unsere Bestände.

Das Haupt des Stückes war durch eine Ansammlung von altem Reisig zunächst verdeckt – dennoch konnte ich an der Figur bereits erkennen, dass ich einen Bock vor mir hatte. Zu spät, mein Freund, dachte ich, die Braut ist weg. Endlich ging er etwas vorwärts und ich hatte das Haupt im Fernglas. Was ich dort sah, versetzte mich augenblicklich in eine gewisse Aufregung. Es war aber nicht etwa die kapitale Trophäe eines reifen Traumbockes, auf die ich innerlich zugegebenermaßen hoffte. Nein, zwei außergewöhnlich lange Gehörnstangen machte ich aus. Aber während die eine noch wenigstens Ansätze von Kampf- und Rücksprosse aufwies, war die andere nur ein ewig langer Spieß, gefährlich, vielleicht tödlich im Kampf mit jedem noch so starken Kontrahenten. Der Bock selbst war auch schon älteren Semesters und würde wohl kaum einem Duell ausweichen.

Man soll nicht menschliche Maßstäbe anlegen und der Natur

K.-P. Reif

ihren Lauf lassen. Schon richtig, aber wer sich der Hege mit der Büchse verpflichtet fühlt, muss in einem solchen Falle eingreifen um zu verhindern, dass womöglich mit dieser stilettartigen Waffe auf dem Haupte des Bockes, mehrfach andere zu Tode geforkelt werden.

Ich jedenfalls zögerte nicht lange und nur für einen Augenblick streifte mich der Gedanke, dass mit der Erlegung dieses Bockes meine Freigabe des erhofften starken und reifen hinfällig wäre. Schnell backte ich den Drilling an und wartete auf den Moment, in welchem das Stück einmal breit stehen sollte. Aber wie das so ist, immer wenn ich glaubte gleich fliegen lassen zu können, stand er entweder spitz oder war durch Holz, Steine oder dichtes Gras gedeckt. Unentwegt zog das Stück in Richtung Talgrund und ich musste einsehen, dass ein waidgerechter Schuss unmöglich geworden war.

Nein, diesen Bock wollte ich nur äußerst ungern laufen lassen. Es gab noch eine letzte Chance. Ich stieg von der Kanzel, zog eilig meine Stiefel aus und lief so schnell ich konnte halbwegs gedeckt im Schutze des Altholzes talwärts parallel zum Schlag. Der feuchte Waldboden dämpfte meine Schritte und im unteren Viertel der Fläche pirschte ich leise an den Bestandesrand. Einigermaßen außer Atem, zwang ich mich zum ruhigen Abglasen und sah zu meiner Freude den Bock etwa auf meiner Höhe. Irgendetwas schien er doch bemerkt zu haben, denn er sicherte unentwegt in meine Richtung. Ich hatte aber die Waffe längst im halben Anschlag und so beeilte ich mich, den Zielstachel auf das halbspitz von vorn stehende Stück zu bringen. Ich hielt am Trägeransatz an und ließ fliegen.

Der Schuss peitschte über die Fläche, grollte in den Tiefen des Tales und brach sich als mehrfaches Echo an den steilen Hängen, das schließlich immer leiser werdend in der Ferne erstarb.

Ich atmete sehr tief durch als ich nach dem Absetzen der Waffe die markante fahlgelbe Decke inmitten einer Ansammlung von

K. P. Reif

Waldweidenröschen erblickte. Eine kleine Weile setzte ich mich neben den gestreckten Bock, nachdem ich ihm die letzte Äsung und mir einen Bruch gegeben hatte.

Nach der roten Arbeit zog ich das Stück hangaufwärts und war froh, als ich wieder in meinen Stiefeln war, denn ich hatte mir einen auf dem Boden liegenden Fichtenast derb in die Fußsohle gerammt. Mit der süßen Last im Rucksack erreichte ich den Jagdleiter, wo die Männer zufällig alle beisammen saßen. Alle wünschten mir aufrichtig Waidmannsheil und waren im Übrigen der Auffassung, dass dies ein Hegeabschuss sei und nicht zählte. Ich sollte also weiter versuchen, den Erntebock zu schießen, was mir dann aber erst im Folgejahr unter recht dramatischen Umständen gelang.

Als Spaziergänger habe ich die Orte des Geschehens in den vergangenen Jahren besucht. Der große Schlag am Hang ist mittlerweile mit einem hohen Stangenholz bestanden, das Altholz, in welchem ich auf Strümpfen dem Bock folgte, ist längst geschlagen und es will nicht recht gelingen die Stimmung jenes Abends nachzuvollziehen. Und doch: Als die Sonne hinter den tiefgrünen Wipfeln versinkt und die abendliche Kühle Dunst- und Nebelschwaden aufsteigen lässt, als tiefe Stille einzieht über dem Wald ist er wieder da, der Zauber dieser lieblichen Landschaft.

Schattenjagd und sechster Sinn

Es gibt sie, die ganz besonders heimlichen und – wenn der menschliche Terminus gestattet ist – schlauen Keiler, Böcke, Hirsche, denen der Waidmann Monate und manchmal Jahre nachstellt. Der Bock, der abends nach dem letzten Licht austritt und vor Tau und Tag zu Holze zieht, der Feisthirsch, schon sprichwörtlich »ein Nachtgespenst, das du nur ahnst und niemals kennst« und natürlich der grobe Keiler, der sich in winzigen Feldgehölzen, kleinen Schilflöchern oder in der Strohmiete mitten im Feld einschiebt, wo niemand ihn vermutet. Oft genug gibt selbst der passionierteste Jäger irgendwann die Suche auf. Vielleicht ist das Stück tatsächlich verschwunden, anderswo zur Strecke gekommen oder – im schlimmsten Falle – Opfer des Straßenverkehrs geworden.

Gelingt aber dann doch einmal die Erlegung nach ewigen Ansitzstunden, beharrlichen, wohlüberlegten Pirschgängen mit einem Quäntchen Glück, so ist dies oft eine Sternstunde im Jägerleben, man vergisst sie nie.

Ein Wintersturm hatte dem Wald übel zugesetzt. Überall lagen gebrochene und geworfene Bäume, Wege und Straßen waren oft erst nach Tagen wieder passierbar.

Nun wusste ich, dass gerade in den lichten Kiefernhölzern die gebrochenen, auf dem Waldboden liegenden Wipfel gern von den Sauen zum Einschieben über Tage angenommen werden. Da dieser »Minieinstand« auch für den einzelnen Jäger gut überschaubar ist, nutzte ich nach solchen Sturmereignissen oft die zeitlich begrenzte, unverhoffte neue Jagdmöglichkeit mit meiner Uta, der Dachsbrackenhündin. Zeitlich begrenzt deshalb, weil damals Sturmschäden noch nahezu vollständig und möglichst bald aus dem Walde geräumt wurden …!

Gegen den Wind pirschte ich die ausgewählte Fläche vorsichtig an, suchte mir einen nach Möglichkeit erhöhten Standplatz, von dem ich einen guten Überblick hatte und schickte den Hund in den vor mir liegenden Wipfel. In der Mehrzahl der Fälle brachte dies freilich kein Ergebnis, aber hin und wieder steckten doch Schwarzkittel darin und ich hatte Waidmannsheil. Wiederholt brachte meine eifrige Gefährtin auch Reinecke heraus. Da ich stets bei diesen Jagden den Drilling führte, warfen ihn die Schrote dann ins Gras oder Blaubeerkraut.

In jenem Jahr, nachdem Petrus sich mit seinem »Jahrhundertsturm« ausgetobt hatte, fiel eine »Neue«. Ganz sacht, behutsam und sanft wurden Wiesen, Wald und Feld über mehrere Tage hinweg mit unschuldigem Weiß zugedeckt. Alles strahlte Ruhe und Frieden aus, so, als hätte es den Orkan, bei welchem man glauben konnte, die apokalyptischen Reiter hätten ihren Gäulen schon das Sattelzeug aufgelegt, nie gegeben.

Meine »Uta« bettelte mitgenommen zu werden, als ich zum Auto ging und so ließ ich sie einsteigen. Als sie jedoch merkte, dass wir nur im Büro landeten, verzog sie sich sofort in eine Ecke, ohne mich eines Blickes zu würdigen. Den Keks, den ich ihr gleichsam als Friedensangebot reichte, fraß sie wortlos in sich hinein und schmollte weiter. Die freundliche Begrüßung meiner Mitstreiter im Büro quittierte sie sonst stets mit einem freundlichen Wedeln der Rute – an diesem Tage unterblieb selbst das.

Am zeitigen Nachmittag sah ich aus dem Fenster in den sacht fallenden Schnee und verspürte eine eigenartige Unruhe. Dafür gab es eigentlich keinen vernünftigen, erklärbaren Grund. Vielleicht zog es mich auch einfach nur hinaus in die Winterlandschaft. Wie auch immer – ich beschloss, einen Teil des Schreibkrames auf die ohnehin obligatorischen Bürostunden am Wochenende zu verlegen, erklärte den verblüfften Damen und Herren, dass ich jetzt weg sei, pfiff meinem Hund und war im Auto.

Der Schmollhund war plötzlich die Liebe in Person, wich mir nicht von der Seite, als ich zu Hause den feinen Zwirn gegen das Wetterzeug tauschte, den Drilling aus seinem stählernen Verließ holte und losfuhr.

Im Revier angekommen prüfte ich zunächst noch einmal den Wind, schon öfter hatte der mir in diesem kupierten Gelände einen Streich gespielt. Die Beobachtung der Rauchfahnen diverser Schornsteine auf der Hinfahrt, sagte noch gar nichts über die tatsächliche Luftströmung im hügeligen Gelände aus.

Aber da waren auch Spuren und Fährten – die allermeisten freilich halb zugeschneit, da sie aus der vergangenen Nacht stammten. Dennoch lief ich langsam mit dem angeleinten Hund den Hauptweg entlang, um mir wenigstens einen Überblick, einen Eindruck des nächtlichen Geschehens zu verschaffen. Dabei fiel mir eine einzelne, sehr starke Schwarzwildfährte auf. Auch wenn nicht alle Einzelheiten zu erkennen waren – es musste sich um einen groben Keiler handeln. In der Summe aller verfügbaren Erkenntnisse blieb kein anderer Schluss übrig. Ich ging die Fährte in den Bestand hinein ein wenig aus, wurde dadurch aber auch nicht schlauer. Nur – irgendetwas stimmte nicht. Es schien mir, als schonte der Basse einen Lauf, als setzte er hinten links nicht richtig auf. Dann verwarf ich den Gedanken wieder, meinte, ich bildete mir das nur ein, weil der in der Fährte unregelmäßig hoch liegende Schnee einen falschen Eindruck erweckte. Ratlos brach ich schließlich ab. Wäre das Ganze morgens geschehen, hätte ich versucht, die Fährte auszugehen, gegen Ende der dritten Stunde am winterlichen Nachmittag jedoch nicht.

Ich lief auf dem Wege zurück und ging in den Hochwald. Als ich auf einer Kuppe stand, konnte ich das Gelände vor mir im weiten Rund überblicken. Von drei Seiten zog sich das Altholz hinab zu einer kesselförmigen Senke, in deren Mitte eine kleine Wasserfläche blinkte. Der gesamte Rest war schwing-moorartig beschaffen und mit einzelnem Kiefern- und Birkenanflug bestanden. Gegenüber, auf der vierten Seite, zog sich eine große Kieferndickung vom unmittelbaren Rand des Moores bis über den Hang.

Dieser Talkessel musste wohl früher einmal ein geschlossenes Gewässer gewesen sein, trug er doch den bezeichnenden Namen »Barschpfuhl«.

Vor meinem Standort hatte der Sturm einige Bäume ihrer Wipfel beraubt. Fünf oder sechs der Kronen lagen um die zwanzig, dreißig Meter im Radius unter mir.

Dann entledigte ich mich meines Fernglases, um mich beim möglichen flüchtigen Schuss besser bewegen zu können – ein Fehler, den ich nur allzu bald bereuen sollte. Nachdem ich meine »Uta« von Halsung und Leine befreit hatte, schickte ich die ungeduldige Dame voran. Wie der Blitz sauste sie in Äste und Gezweig, kam heraus und verschwand erneut. Zwischendurch gönnte sie sich eine kleine Hatz durch die Blaubeeren, nur um sich umgehend wieder einem der liegenden Wipfel zuzuwenden. Kein Stück Wild fuhr heraus – ich wartete vergebens mit hochkonzentrierter Aufmerksamkeit. Plötzlich nahm ich eine Bewegung am Rande des Talkessels wahr. Ein großer, kompakter, schwarzer Wildkörper ging flüchtig durch die angeflogenen, knapp mannshohen Kiefern und Birken ab. Eine starke Sau, zweifellos.

Sehen konnte ich immer nur Teile und als das Stück die gegenüberliegende Dickung erreichte, hätte ich mein Fernglas zur Hand haben sollen. Dort verhoffte der gewaltige Schwarzkittel einen Moment – aber auch nur einen Moment. So schnell ich auch die Waffe an den Baum stellte und das Fernglas aufhob und an die Augen nahm – zu spät. Im Okular sah ich gerade noch die Keulen und den Pürzel mit einer enormen, tiefhängenden Quaste, die auf ein stattliches Alter des Stückes hinwies, im grünen und weißen Dickungsrand verschwinden. Soviel wusste ich nun immerhin – dieses Stück war alt! Nicht jedes starke Schwein muss alt sein – dieses hier war es jedoch gewiss.

Damit war ich mit meinen Erkenntnissen aber auch schon am Ende. Gleich fiel mir die Fährte wieder ein, die ich eine knappe Stunde zuvor anzusprechen versuchte. Ich war in Versuchung, den Hang hinunterzulaufen, am Rand des Kessels entlangzugehen, bis ich auf die Fluchtfährte des starken Stückes traf, um dann womöglich genauere Schlüsse, als aus den halb zugeschneiten Trittsiegeln ziehen zu können. Nach kurzer Überlegung unterließ ich das dann doch. Zum Einen war die Dämmerung längst hereingebrochen und zum Anderen hoffte ich im Stillen, der Keiler werde sich in der weitläufigen Dickung einschieben. Würde ich im letzten Licht in ihr oder am Rand samt Hund herumsuchen, stünden solcherart Chancen wohl schlecht. Also leinte ich meine vierläufige Gefährtin wieder an und verließ möglichst leise den Ort des Geschehens.

Was tun? Wichtig und naheliegend erschien mir, am nächsten Morgen abzufährten. Das ging bei mir aus beruflichen Gründen einfach nicht. Aber eine andere Lösung fiel mir ein – Richard, der Altmeister. Als ich nach dem Klingeln die beinahe schon rituelle Hundeattacke der Herren Arak und Jupp zum vielleicht hundertsten Mal überlebt hatte (vgl. »Richard, ein Leben für den Wald«) saß ich auf seiner Couch und erklärte ihm die Situation. Ich bat ihn, am folgenden Morgen nach der Fährte zu sehen und beschrieb ihm den schwarzen Gesellen, der da in der Dickung verschwunden war. Auch von der starken Fährte und meinem Verdacht, dass das Stück am linken Hinterlauf verletzt sein könnte, berichtete ich. Zwar hatte ich keinerlei Schonen beim Wegziehen des starken Stückes feststellen können, aber was hatte ich denn – genau genommen – überhaupt gesehen? Eine starke Sau, schattengleich für Sekunden, zwischen Birken- und Kiefernstämmchen, eine Quaste, aus. Im Übrigen war noch immer nicht klar, ob es sich tatsächlich um das gleiche Stück handelte, das die starke Fährte in den Schnee gesetzt hatte.

Beruhigt fuhr ich nach Hause – wenn einer Licht ins Dunkel

bringen konnte, dann er – Richard, der Fährtenleser. Meine »Uta« vertröstete ich auf das nahende Wochenende. Blieb der Schnee liegen – und danach sah es aus –, würden wir uns bei nächtlicher Pirsch auf den schwarzen Bassen versuchen. Erst einmal Richards Bericht hören.

Am nächsten Tag wartete ich ungeduldig auf einen Anruf des erfahrenen Waidmannes. Dessen Bescheid war aber eher ernüchternd. Ja, er habe die Fährte problemlos nach meiner Beschreibung gefunden, sei dieser durch die gesamte Dickung gefolgt, was nicht allzu kompliziert gewesen wäre, da der Schneefall in den Abendstunden aufgehört habe. Auch über die Straße habe er sie halten können. Im anschließenden Eichenaltholz habe er sie zunächst jedoch verloren, da dieses beinahe flächendeckend von den Sauen umgebrochen worden sei.

Am Nachmittag hätte er die Fläche jedoch umschlagen und die gesuchte tatsächlich wiedergefunden. Weiter ging es dann immer am Ufer des großen Sees entlang im Schilfgürtel bis zur Reviergrenze. Im Übrigen stimme in der Tat irgendetwas mit dem linken Hinterlauf nicht, zu behindern schien es aber den Urian nicht weiter.

Ich bedankte mich aufrichtig bei meinem Freund. Dass er sich eine derartige Mühe machte, hatte ich nicht gewollt und nicht erwartet. Schließlich hatte er die siebzig auch bereits überschritten und trotzdem die Fährte kilometerweit verfolgt.

Den starken Keiler konnte ich nun wohl vergessen, der war aus dem Revier ausgewechselt und hatte sich anderswo eingeschoben. Schade, aber nicht zu ändern.

Dann saßen wir, meine »Uta« und ich, am Freitag in der Nacht am Rande jenes Eichenbestandes, in welchem Richard zwischenzeitlich die Fährte verloren hatte. Hier war tatsächlich flächendeckend gebrochen, es müsste mit dem Teufel zugehen, wenn hier die Sauen nicht kommen würden. Ich hatte zum Pirschen keine große Lust. Das Quecksilber war mittlerweile auch über Tag deutlich unter den Gefrierpunkt gerutscht und die Pirsch selbst auf den Wegen glich bei dem vielen gefrorenen Laub einem Gang, auf den von meinen Kindern so heiß geliebten Cornflakes. Der geneigte Leser kann sich das entsprechende Geräusch sicher gut vorstellen. Also saßen wir beizeiten unter einer großen Eiche, deren Stammfuß ich eilig von der oberen Laubschicht befreit hatte, um mich wenigstens zwei, drei Schritte geräuschlos unter dem Baum bewegen zu können.

Ich hockte recht bequem auf einem Klappstuhl, den ich für solche Gelegenheiten im Revier versteckt hatte. Stetig blies der Wind aus West und jagte Wolkenfetzen über den fast vollen Mond. Der vor mir liegende alte Eichenwald endete am Ufer des Sees mit seinem breiten Schilfgürtel. Die riesigen Eichenkronen und fliehende Wolken brachten ein ständiges Wechselspiel von Licht und Schatten in die nächtliche Szenerie. In das gleichmäßige, leise Rauschen über mir, mischte sich ein feines Wispern der Blätter des Schilfes, die sich aneinander rieben. So verging wohl wenig mehr als eine Stunde, in welcher ich meinen Gedanken nachhing und den Ärger der vergangenen Woche verdaute. Meine treue Kameradin, die links neben mir lag und sich eng an mein bestiefeltes Bein schmiegte, setzte sich plötzlich auf und windete in Richtung Seeufer. Sofort kontrollierte ich mit dem Fernglas, konnte jedoch zunächst nichts entdecken. Allerdings wollte mir scheinen, dass sich in das leise Flüstern aus jener Richtung hin und wieder massivere, schleifende Geräusche mischten. Ich stand auf und lauschte angestrengt. Tatsächlich, in die leisen Erzählungen der fahlen Blätter mischten sich andere Töne, die nur von anwechselten Wild stammen konnten. Erst einmal setzte ich mich wieder hin, streichelte meinem aufmerksamen Hund beruhigend über den Kopf und behielt das Ufer das Sees scharf im Auge. Die Geräusche wurden lauter und urplötzlich stand ein einzelnes Schwein an der Kante zum hohen Eichenbestand. Das Stück verhoffte, reckte das Gebrech hoch in die Luft und verschwand augenblicklich wieder. Dann verstummten, wie auf Kommando, auch sämtliche Geräusche, welche die Rotte beim Anwechseln erzeugt hatte.

Das hatte ich nun aber schon öfter erlebt. Kurz vor dem Auswechseln herrscht einen Moment lang Stille. Es ist, als wolle der Verband sich noch einmal sammeln. Auch hatte die Bache, welche kurz im Altholz zu sehen war, kein warnendes Blasen von sich gegeben. Ich war mir ziemlich sicher, dass es gleich losgehen würde, saß wie aus Stein gehauen und wartete gespannt. Dann wurde es lebendig am Ufer des Sees, sehr lebendig. Das Schilf spie förmlich Sauen aus. Ich zählte überschlägig fünfundzwanzig Stück oder mehr. Im Nu war der ganze Bestand vor mir mit der großen, schwarzen Gesellschaft bedeckt. Zunächst wurde aber hier und da noch die Geschäftsordnung ausdiskutiert, will heißen, wem stand welcher Platz zu. Da wurde gebissen und gekeilt mit dem Ergebnis, dass binnen Kurzem jeder wusste wo er seinen Flecken Laub zum Umdrehen hatte. Parallelen zu manch menschlicher Versammlung, sind nicht ganz von der Hand zu weisen, nur die Effektivität ist weitaus geringer.

Ich wartete, bis die Rotte vertraut im Gebräch stand. Mir war ein Stück aufgefallen, das sich auffällig weit Abseits hielt. Kam es doch einmal etwas näher an die übrigen Stücke heran, wurde es sofort weggebissen. Diesen Schwarzkittel wollte ich strecken, da ich irgendeine Krankheit vermutete. Dazu musste ich aber dreißig bis vierzig Meter seitlich laufen um schussgerecht vor die geringe Sau zu kommen. Die große Rotte erzeugte durch das Umdrehen des gefrorenen Laubes einen derartigen lauten Geräuschpegel, dass es mir doch möglich sein sollte, die genannte Distanz ungehört zu überwinden. Ich legte meinen Hund ab und ging, vorsichtig und langsam die Füße aufsetzend, los. Dabei blieb ich immer wieder stehen und prüfte mit dem Fernglas, ob nicht doch eines der Stücke aufwarf und in meine Richtung sicherte. Bei einem dieser Kontrollblicke gewahre ich plötzlich am Rande des Schilfes, aus welchem die Rotte auswechselte, ein einzelnes, starkes

K.P. Reif

Schwein. Ein Keiler, durchfährt es mich. Obwohl er noch nicht ganz aus dem Röhricht heraus ist, kann ich die Überbauung oberhalb der Vorderläufe erkennen. Klar, warum sollte bei dieser großen Rotte nicht ein rauschiges Stück dabei sein, dessen Duft den schwarzen Draufgänger anzog?! Ich warte und rühre mich nicht, doch der Basse steht, steht und steht. Keine Bewegung kann ich wahrnehmen, geschweige denn, das ersehnte Auswechseln. Plötzlich ist er weg, als habe er sich in Luft aufgelöst.

Ich verdrängte zunächst den Gedanken an den Urian und wandte mich wieder dem nahen Geschehen zu. Aber auch das vermeintlich kranke Stück, dass ich eine kleine Weile aus den Augen ließ, konnte ich nicht wiederfinden. Immer wieder schwenkte ich mit dem Fernglas von einer zur anderen Seite – vergebens. Sehr ärgerlich, das Ganze!

Drei Frischlinge brechen etwa dreißig Schritt vor mir. Nun überlege ich nicht mehr lange und streiche am nächsten Eichenstamm an. Als ich Mitte Blatt auf dem Zielstachel sehe, lasse ich fliegen.

Da bricht die Hölle los! Um die hundert Läufe krachen durch gefrorenes Laub und Äste, als ob der wilde Jäger seine Hunde koppelweise losgeschickt hätte.

Ich lud sofort nach und schaute dann mit dem Fernglas nach dem beschossenen Frischling. Einen schwarzen Fleck erkannte ich im Mondlicht an der Stelle des Anschusses. Ich wartete eine kleine Weile und ging dann langsam, den Drilling in der Hand, darauf zu.

Das geringe Schwein war mit einem etwas hohen Blattschuss verendet. Ich setzte mich daneben, rauchte und ließ meine »Uta« ein bisschen an der Schwarte zausen. Als ich den Ablauf innerlich noch einmal rekapituliere, fällt mir sogleich der Keiler wieder ein. Ich nahm mir vor, am nächsten Vormittag abzufährten, um vielleicht am Abend anderenorts erneut einen Schwarzkittel zu strecken, schließlich war Wochenende und bestes Wetter. Dabei wollte ich auch versuchen die Fährte des Keilers zu finden und sei es nur um die Richtung – revierein- oder -auswärts – festzustellen, in welche er sich trollte. Am nächsten Morgen bin ich nach dem Hellwerden am Schilf, finde auch unkompliziert die starke Fährte und bin sofort wie vom Donner gerührt! Der linke Hinterlauf wird kaum aufgesetzt und wo der Schnee doch einmal tiefer liegt, ist es als fehle die innere Schale. Das hatte auch Richard schon beschrieben und somit stand fest, dass uns der Basse wenigstens hin und wieder besuchte – immerhin. Ich folgte der Fährte, die sich durch das Schilf zog bis zur Reviergrenze, dann musste ich aufhören.

Eine Frage beschäftigte mich sehr: Warum war der Keiler am Vorabend nicht aus dem Schilf ausgewechselt? Zwischen mir und ihm stand die große Rotte vertraut im Gebräch, alle Umstände waren sozusagen normal! Irgendetwas schien ihn gewarnt zu haben, nur was?

Natürlich konfrontierte ich meinen erfahrenen Richard mit dieser Frage. Der meinte allen Ernstes, solche Stücken hätten so etwas wie einen »Sechsten Sinn«. Diese Antwort aus seinem Munde, der doch sonst ein streng rational denkender Zeitgenosse ist, erstaunte mich. Andererseits hatte ich in den vielen Jahren in Wald und Flur schon öfter den Verdacht, dass insbesondere älteres Wild Instinkte zu eigen hat, die unserer zivilisationsgeprägten Spezies längst abhanden gekommen sind.

Darüber lässt sich vielleicht trefflich streiten – für den vorliegenden Fall halfen mir derartige Überlegungen gar nichts. Was sich in den folgenden Monaten darstellen sollte, kann man etwa so zusammenfassen: Auf der einen Seite der tumbe, degenerierte Jäger, nämlich ich, auf der anderen die schlaue Sau mit ihren wo auch immer herstammenden, überlegenen Instinkten. Wochenlang hielt der mich zum Narren und es sollte ein Punkt kommen, wo die Frage berechtigt erschien, wer hier eigentlich der Jäger und wer der Gejagte war.

Diesen alten Bassen wollte ich haben, unbedingt. Daran setzte ich meinen Ehrgeiz. Ich pirschte mir beinahe Schwielen an die Fußsohlen und ersaß mir dieselben am Spiegel.

Einmal schneite es bis etwa Mitternacht und ich fand die prägnante Fährte am folgenden Morgen jungfräulich ohne ein Krümmelchen der weißen Pracht auf ihr. Also – folgerte ich mit messerscharfem Verstande – muss er doch vorzugsweise in der zweiten Nachthälfte in mein Revier wechseln.

Muss! Gar nichts musste der! Drei Nächte verbrachte ich ab der Geisterstunde auf der Kanzel mit dem Ergebnis, dass ich am letzten Tage wie ein Zombie durch die Gegend schlich. Meine Umgebung begann sich Sorgen zu machen, ob um mich als ganze Person, meinen Geisteszustand oder um beides sei dahingestellt.

Ich dagegen dachte gar nicht daran lockerzulassen.

Dann wurde es Frühjahr. Nach jedem Regenguss versuchte ich, anderentags ins Revier zu kommen, um bekannte Wechsel, Suhlen und dergleichen nach der auffälligen Fährte abzusuchen. Und tatsächlich: War mein schwarzer Kontrahent einige Tage nicht feststellbar und ich meinte nun er sei doch weg, fanden sich seine Trittsiegel unvermutet auf's Neue und spornten mich an.

Einigen wenigen meiner Bekannten und Freunden, die im Wald zu tun hatten und eine Saufährte auch anzusprechen vermochten, erzählte ich von dem Urian, bat um Aufmerksamkeit und im Übrigen um Diskretion. Dies war dann die beste Garantie dafür, dass sich die Sache herumsprach.

Da stand ich beispielsweise an einem Bahnübergang bei geschlossenen Schranken als erster in der wartenden Reihe und bemerkte in derselben Position gegenüber das Auto eines Waidgenossen, den ich eher nur flüchtig kannte. Als die Schranken sich heben, bedeutet der mir beim Anfahren, ich solle meine Seitenscheibe herunterlassen, was ich tat. Als wir auf gleicher Höhe sind, ruft er mir zu: »Hast Du Deinen Keiler schon?«. Verdutzt schüttele ich den Kopf, der Mann lacht und gibt Gas.

Eines Morgens, Ende April, saß ich im ersten Licht an einer Wiese. Abends zuvor hatte es geregnet und so lag eine dicke, vielleicht mannshohe Schicht Nebeldunst über dem Gras. Inmitten der vor mir liegenden Fläche hielt sich ein kleines Wasserloch, dass sämtlichen der in den achtziger Jahren unternommenen, oft völlig unsinnigen Meliorationsversuche getrotzt hatte. Ein Graben erinnerte noch daran, war mittlerweile aber – wie das Loch selbst – mit Weidengesträuch und Schilf bewachsen. So war dieser kleine Biotop zu meiner Freude am Ende sogar noch aufgewertet worden. Diverse Kleinvogelarten, Hase, Fuchs und der bunte Hahn fanden sich immer wieder ein und natürlich steckten auch die Sauen oft darin.

Als das erste Licht des jungen Tages zaghaft den Nebel zu durchdringen sucht, gleitet ein schwarzer Schatten lautlos durch das feuchte Gras, verhofft kurz und strebt dem kleinen Weiher auf geradem Wege zu. Im Fernglas spreche ich das Stück Schwarzwild mühelos und gleich als Keiler an. Und dann sehe ich es: Der linke Hinterlauf wird aufgesetzt, aber sofort wie durch einen zusätzlichen »Mechanismus« zurückgeschnellt. Eine schwer zu beschreibende, eigenartige Bewegung.

Sofort nach dieser Erkenntnis habe ich den Drilling in der Hand, visiere durch Dunst und Nebelschwaden, ziehe mit und – verliere ihn in einer größeren Nebelbank. Es plautscht, bricht und schleift im Schilf und Weidengesträuch, wird still und rumort erneut. Auf's Äußerste angestrengt versuche ich, das Geschehen zu lokalisieren – vergeblich. Dann wird es still. Er muss aber noch drin sein, das Auswechseln hätte ich in jedem Fall sehen müssen! Also ermahne ich mich selbst zu hoher Konzentration, nur nicht nachlassen. Der Drilling liegt griffbereit und ich glase unentwegt das Schilfloch ab.

Nichts ist zu sehen, nichts mehr zu hören. Gut, denke ich, dann will der alte Schlauberger offensichtlich hier den Tag verschlafen und hat sich eingeschoben. Ich warf einen schnellen Blick zu meiner »Uta«, die ich angeleint am Fuße des Leiterholmes abgelegt hatte. Diese beobachtete das feuchte Areal in der Wiese vor uns genauso angestrengt wie ich, erwidert aber meinen Blick. »Nun komm endlich runter«, will sie wohl sagen, »und lass' mich mal machen!«.

Die Sache mit den überlegenen Instinkten kommt mir flüchtig in den Sinn, während ich unablässig weiter beobachte. Na, wollen wir doch mal sehen …!

Als sich weitere zehn Minuten nichts tut, entwickele ich eine Strategie: Leise runter vom Sitz, gegen den Wind bis zur Mündung des Grabens und dann den Hund schnallen! So müsste es gehen, »Uta« wird ihn schon lockermachen. Auf diese Weise haben wir schon manche Sau auf die Schwarte gelegt.

Als ich die Waffe zum Abbaumen entlade und gerade runter will um meinen formidablen Plan in die Tat umzusetzen, sehe ich eine flüchtige Bewegung. Sofort habe ich das Glas an den Augen und sehe gerade noch, wie der Basse in den Graben wechselt und in diesem weitertrollt. Den Drilling laden, anbacken, entsichern und stechen ist alles eins. Im Zielfernrohr sehe ich die Rückenfedern und die Teller über dem Grabenrand. Der Graben endet blind, wusste ich. Sollte der Keiler allerdings erst an dessen Ende auswechseln, wäre dies für einen waidgerechten Schuss zu weit. Inständig hoffe ich, dass Hubertus ein Einsehen hat und den schwarzen Gesellen endlich aus dieser vermaledeiten Bodenfurche rausschickt!

Tut der auch, sogar gleich nachdem ich innerlich mein Ansinnen vorgetragen habe. Der Basse nimmt die gegenüberliegende Grabenwand, trotz seines lädierten Hinterlaufes, mit einer einzigen Flucht und trollt über die Wiese Richtung Wald. Im Zielfernrohr sehe ich das Stück genau spitz von hinten. Kein Verhoffen, keine Richtungsänderung, hundertzwanzig, hundertfünfzig Meter, aus …!

Wie war das noch mit dem sechsten Sinn, den überlegenen Instinkten?!

Resignierend stecke ich mir eine Zigarette ins Gesicht, qualme vor mich hin und baume schließlich ab.

Als ich unten bin, versuche ich dem Blick meiner treuen Gefährtin auszuweichen, was mir auf Dauer nicht gelingt. Schließlich nehme ich sie mit beiden Händen am Kopf. »Ich weiß, was du sagen willst und du hast Recht. Wir hätten zeitiger loslegen sollen.« Da kommt sie ganz dicht heran und schmiegt sich an mich, tröstet mich so auf ihre Art. Ist dieses Geschöpf wirklich »nur« ein Hund?

Auf dem Weg nach Hause weicht meine resignierende Stimmungslage allmählich nüchterner Überlegung. Erst einmal: Wissen im Sinne von Kalkulieren, vorausschauend berechnen konnte ich bei einem solchen Stück Wild gar nichts, wie man in den vergangenen Monaten sah. Aber gänzlich den Verstand ausschalten und nur auf glückliche Fügung hoffen, war meine Sache noch nie, beim Waidwerken nicht und auch nicht anderswo. So wagte ich trotz alledem die Überlegung, dass es doch schon ziemlich spät gewesen sei für den Bassen, um sich noch einen kilometerweit entfernten Tageseinstand zu suchen. Im Kopf repetierte ich alle in der Nähe gelegenen Möglichkeiten des Einschiebens für den Urian und beschloss, mich am Abend an einen Wechsel anzusetzen, an welchem ich ihn wiederholt gefährdet hatte.

Nachmittags fiel dichter, lang anhaltender Regen, der erst in der vierten Stunde nachließ, bis sich die himmlischen Schleusen schließlich schlossen. Als die abendliche Sonne versöhnlich vom Himmel schien, sowie Wald und Flur blankgewaschen glänzten, war ich mit meiner »Uta« neuen Mutes im Revier. Schnell setzten wir uns in einen Schirm, in der Nähe des genannten Wechsels, den ich nach der winterlichen Drückjagd stehen gelassen hatte und warteten.

Ein geringer Bock bummelte über den Sand auf dem Wege, naschte hier und da an dessen Rand frische Blätter und Triebe und verzog sich endlich ins Innere des Bestandes. Das war es dann auch, die Dämmerung setzte ein und ich beschloss im letzten Licht auf anderem Wege, als auf welchem wir kamen, zurückzugehen. Zwei Gestellkreuzungen weiter, windet mein Hund in den vor uns liegenden Bestand. Der Kontrollblick durch das Glas bringt nichts, trotz Sorgfalt und Wiederholung. Klar, denke ich, irgendwo zieht Wild um diese Zeit und das hat sie eben in der Nase. Dennoch werde ich noch langsamer und versuche Bewegung zu erspähen. Als wir um eine Dickungsecke laufen, schließt sich links ein Bestand von schwachem Baumholz an. Darin ragt der Wurzelteller eines vom Winde geworfenen Baumes in die Höhe. Den hatte ich bisher noch gar nicht wahrgenommen – und plötzlich durchfährt mich, wie ein elektrischer Schlag, die Erkenntnis: Wo soll auf ärmsten märkischen Sandstandort ein massiv dunkler Wurzelteller herkommen? Der wäre doch hell oder marmoriert!

Wie zur Bestätigung dreht sich der »Wurzelteller«, ich sehe die breite Seite und eine Keilersilhouette wie aus dem Lehrbuch! Augenblicklich bin ich im Knieanschlag und mache dann einen Kardinalfehler, für den ich mich heute noch ohrfeigen könnte. Statt sofort Funken zu reißen, als der Zielstachel auf dem Blatt steht, steche ich noch ein. Aber nicht etwa langsam und mit vorgehaltener linker Hand, um das Geräusch zu dämpfen, sondern mit voller Daumenkraft. »Klick«, dieses kleine, metallische Geräusch ist in der abendlichen Stille durchaus zu hören, für die Teller eines hauenden Schweins schon gar.

Wenn er jetzt nur, wie im Normalfalle, kurz aufgeworfen und verhofft hätte, wäre der Schuss gebrochen.

Aber d e r doch nicht! Wie von Titanenkraft getrieben schnellt er weg, und natürlich darf ich noch die prägnante Bewegung des Hinterlaufes registrieren.

Aus, leergebrannt, ich wüsste nicht einmal zu sagen, wie ich mich fühlte. Sollte ich lachen oder meine eigene Dummheit betrauern, mit den Umständen hadern, zornig sein?

Gedankenlos fuhr ich nach Hause, bereitete meinem braven

Hund ein extra feines Abendbrot und fand mich im Sessel wieder. Meine Familie merkte wohl, dass etwas nicht stimmte, fragte taktvollerweise zunächst nicht weiter nach und ließ mich allein, was mir recht war. Ich öffnete die noch reichlich halb volle Flasche mit dem extra feinen Cognac, die seit Weihnachten im Schrank stand. Während ich das sündhaft teure Zeug in mich hineinlaufen ließ, fragte ich mich, welche Passion, welchen Lustgewinn wohl Briefmarkensammler, Kakteenzüchter oder Modelleisenbahner eigentlich hätten …

In den kommenden zwei Wochen sah ich den Wald nur durch die Windschutzscheibe meines Autos und einmal beim Einkauf von Stammholz. Außer Richard, dem ich das Geschehen in knappen Worten mitteilte, erfuhr niemand von dem schwarzen Samstag. Ich wollte ja auch nicht gern daran erinnert werden.

Das Jahr ging ins Land, der Keiler war nun offensichtlich wirklich weg, denn weder ich noch andere fanden die Fährte irgendwo. Einmal kam die Kunde, einer der Nachbarn habe einen außergewöhnlich starken Keiler geschossen. Ich fuhr gleich hin, wünschte Waidmannsheil und bat, das Stück sehen zu dürfen. Mein erster Gang galt dessen linkem Hinterlauf. Alles normal, dieser war es jedenfalls nicht.

Über den Keiler wurde kaum noch gesprochen. Richard schnitt das Thema nicht an und bei mir saß der Stachel zwar noch im Fleisch, tat aber nur weh wenn ich daran dachte.

Als im späten Herbst die Blätter von den Bäumen gefegt waren und die ersten Drückjagden zu Ehren von Hubertus – zu dem ich seit dem Frühjahr ein eher ambivalentes Verhältnis hatte – stattgefunden hatten, erhielt ich von Richard einen Anruf. Dies war einer der seltenen Anrufe, die keinen Widerspruch akzeptierten. Was denn los sei, begehrte ich zu wissen. Ich solle kommen, dann würde ich es erfahren. Damit war das außerordentlich informative Gespräch beendet.

Also machte ich mich auf den Weg und als ich meinen Stammplatz auf seiner Couch eingenommen hatte, sprach dieser Waldkauz von Gott und der Welt, korrupten Politikern und das ihm der Habicht schon wieder eine Henne geschlagen hätte. Ich hörte artig zu, aber als er anfing über die nächste Rentenanpassung zu reden, fiel ich ihm ins Wort.

»Er ist wieder da!«, bekam ich zu hören und dabei feixt er vor sich hin und lässt mich keine Sekunde aus den Augen.

Ich muß wohl doch ziemlich tief in dem sprichwörtlichen Mustopf gesteckt haben, denn mir fiel nichts anderes ein als zu fragen: »Wer, er?«

Da lässt mein Freund den Kopf nach vorne sinken und hält sich beide Hände vor den Bauch als habe er Kopfschmerzen und Darmgrimmen gleichzeitig.

»Wer schon, der Keiler natürlich!«, donnerte er mich an.

Da spürte ich ihn, den bewussten Stachel im Fleische, unvorbereitet, ungedämpft, heftig. Sofort standen mir alle Bilder des vergangenen Winters und des Frühjahres eindringlich und ungeschminkt vor dem geistigen Auge. In Sekundenschnelle durchlebte ich noch einmal das Wechselbad der Gefühle, dem ich vormals so heftig ausgesetzt war.

Am meisten verblüffte mich selbst aber ein innerer Zustand, der mir sonst eigentlich fremd war: Ich hatte keine Idee. Wie sollte ich diesem Teufelsbraten beikommen? Hatte ich nicht alles versucht und dabei in Kauf genommen, mich beinahe lächerlich zu machen, vor mir selbst und vor Anderen? Noch kein Stück Wild hatte mich in den vielen Jahren so herausgefordert und letztlich immer wieder scheitern lassen. War ich nicht selbst zum Gejagten meines eigenen Ehrgeizes geworden?

Dies alles ging mir blitzartig durch den Kopf. Richard war inzwischen aufgestanden, suchte eine Revierkarte hervor und breitete diese auf dem Tisch aus. Diesmal, bekam ich zu wissen, steckte der Schwarzkittel bei uns auch im Tageseinstand. Jedenfalls sei dies in den letzten Tagen so gewesen.

Da wollte ich doch gern wissen, wenn er das schon seit Tagen beobachtet habe, weshalb er mir nicht schon eher Bescheid gegeben habe? Diese Frage bereute ich aber, sobald ich sie ausgesprochen hatte. Er wolle schließlich nicht über »ungelegte Eier« reden und sich erst sicher sein, war die deutliche Antwort. Er hätte jedenfalls täglich Wege und Wechsel abgespürt und die eindeutige Fährte immer wieder frisch gefunden.

Wir diskutierten anhand der Karte und der vorhandenen Erfahrung diverse Varianten der Vorgehensweise, wohl wissend, dass bei diesem Erzschlitzohr von Auskennerschwein zum Schluss sich alles als Luftblase herausstellen könnte.

Und so etwa kam es dann zunächst auch. An der Kante von Wald und Feld ragte ein Kiefernstangenholz in die Feldmark, etwa in Form eines Rechteckes hinein. Dieses war dann von drei Seiten von einer sogenannten Stilllegungsfläche umgeben, wo in der zurückliegenden Vegetationszeit viele Wild- bzw. Unkrautpflanzen ungehindert gewachsen waren, die man in der heutigen Zeit der intensiven Landwirtschaft nur noch selten findet. Beifuß, Rainfarn, wilde Möhren, Diestelarten und viele mehr standen gestrüppartig auf dieser Fläche. Am Rand des Stangenholzes hatten wir eine geschlossene Kanzel, vor welche wir eine Kirrstelle anlegten. Ich bin eigentlich kein großer Freund von Kirren, wiewohl ich aber einsehe, dass es Jagdgebiete gibt, wo es nicht anders geht.

Richard beschickte diese Stelle regelmäßig. Nicht lange und die Sauen nahmen diese auch regelmäßig an. Und dann kam eines Tages der ersehnte Anruf – der Schattenkeiler war da. Das Fährtenbild war eindeutig und als sich die Besuche des schwarzen Herren verstetigten, saß ich auf der Kanzel. Ich saß an zwei Tagen bis Mitternacht, sah viel Wild außer dem Objekt meiner Begierte.

Mittlerweile war es Anfang Dezember geworden, mitten in der Nacht fiel eine kleine »Neue« und Richard fand die Fährte im Schnee. Nicht schon wieder, dachte ich, waren mir doch die

Daueransitze in der zweiten Nachthälfte aus dem vergangenen Winter noch in unangenehmer Erinnerung. Ich beschloss, dennoch den Versuch zu wiederholen – allerdings nur am Wochenende.

Als ich der Nacht von Freitag auf Samstag mit meiner »Uta« auf der Kanzel sitze, höre ich gegen zwei Uhr hinter mir aus dem Stangenholz ein leise, feines Knistern. Mal ist das Geräusch mehr links hinter mir zu vernehmen, mal mehr rechts, immer wieder unterbrochen von minutenlangen Pausen. Ich saß mucksmäuschenstill, wagte kaum zu atmen.

Dann war es still, nichts mehr vernehmbar. Ich blieb noch reichlich eine Stunde sitzen und fuhr dann heim. Gegen acht Uhr rief ich Richard an und bat ihn, mit dem täglichen Kirrgang zu warten bis ich käme – ich wollte mit. Am zeitigen Nachmittag fuhren wir beide raus und ich drang sofort in das Stangenholz ein. Ich hatte einen Verdacht, den wollte ich bestätigt wissen oder auch nicht. Und prompt: Etwa zwanzig Meter hinter meiner Kanzel im Stangenholz fand sich die Fährte des gesuchten Bassen. Nach geradlinigem Anwechseln, wie von unsichtbarer Hand gestoppt, läuft sie dann nur noch nach rechts und links. Zusammen bildete das Ganze etwa die Form eines »T«.

Hatte ich es doch geahnt, der Keiler war hinter mir! Warum stoppte er dann, ging nur noch einige Schritt nach beiden Seiten um schließlich klammheimlich wieder zu verschwinden?

Wind jedenfalls konnte das Stück nicht bekommen haben. Die Kanzel war zum Einen sehr hoch und zum Anderen war es praktisch windstill. Da ich natürlich wusste, dass es fast immer einen winzigen Hauch gibt, hatte ich das überprüft, die Richtung war eine ganz andere.

Ich war mit meinem Latein am Ende und auch Richard hatte offensichtlich keine rechte Erklärung oder einen neuen Vorschlag. Auf neue Pläne oder Strategien verzichteten wir zunächst im stillschweigenden gegenseitigen Einvernehmen.

Abends war ich mit meiner Frau zu einer Veranstaltung, die ich nicht schwänzen konnte, wo Gesicht gezeigt werden musste. Wider Erwarten wurde das doch noch ganz interessant und als wir nach Mitternacht nach Hause fuhren, schlug nasser, schwerer Schnee gegen die Windschutzscheibe. Also fuhr ich morgens, beim Hellwerden mit meinem Hund raus, eigentlich nur um abzufährten, da abzusehen war, dass uns wärmeres Wetter bevorstand und der weiße Leithund sich verflüssigen würde.

Dann passierte es: Am Saum des Waldes stieß ich auf die Fährte des Keilers, frisch, sehr frisch, sicher keine zwei Stunden alt! Gut sichtbar wechselt sie vom Wald als markanter Strich über die Wiese genau auf das Schilfloch zu, an welcher ich den Bassen im Frühjahr vorhatte. Die Fährte ging eindeutig hinein, aber nicht wieder heraus. Ich ging näher heran, um das Gelände dahinter mit dem Glas noch besser ableuchten zu können – nichts, der musste noch drinstecken.

So recht glauben konnte ich noch nicht, was ich da sah und überlegte mir, was Hubertus oder wer auch immer sich diesmal einfallen lassen könnte, um mir zu beweisen, dass ich der Oberste aller Deppen sei.

Dann überlegte ich, ob es nicht klüger wäre, Richard und ein paar andere Schützen zu holen, um die Fläche abzustellen. Diese Idee verwarf ich gleich wieder. Sicher, Sauen liegen normalerweise fest bei solchem Wetter und so sollte man davon ausgehen, dass wir genügend Zeit gehabt hätten, um die Waidkameraden zusammenzuholen. Aber was war schon »normal« bei diesem Keiler! Nein, die Sache war mittlerweile auch irgendwie persönlich geworden und musste jetzt ausgetragen werden, sofort – oder nie mehr!

Beim Ausheben des Grabens war seinerzeit die Erde rechts und links an manchen Stellen abgelagert und nicht vollständig abgefahren worden, so dass kleine Hügel verblieben. Auf einen solchen stellte ich mich und hatte einen guten Überblick über das ansonsten flache Gelände.

Ich lud außer der Kugel beide Schrotläufe der Waffe mit Flintenlaufgeschossen, stellte das Zielfernrohr auf dreifache Vergrößerung und entledigte mich von allem hinderlichen Kram. Dann liebelte ich meinen Hund, wie ich es in zahlreichen Situationen bei Nachsuchen vor dem Schnallen immer getan habe. Mag sein, dass mancher erfahrene Rüdemann dies belächelt, aber ich hatte immer den Eindruck, dass dadurch eine besondere Vertrauenssituation zwischen mir und dem Hund geschaffen wurde. Es ist, als gäbe man einem Freund, der eine schwierige Situation zu bestehen hat, Sympathie und Beistand mit auf den Weg.

Dann schickte ich meine Gefährtin los und wies mit dem ausgestreckten Arm in das vor uns liegende Loch. Sofort drang sie in das Gewirr von Schilf und Gesträuch ein und gab nach kurzer Zeit Standlaut mit tiefem Hals. Sicher hatte sie dieses Schwein längst in der Nase, brauchte sozusagen nur noch »hinzugehen«. Der Keiler indessen schien sich kaum zu rühren, nur ein Knacken war vor dem Hund zu vernehmen und wiederholte sich mehrmals. Meine »Uta« ließ allerdings nicht locker, ich hatte eher den Eindruck, dass sie immer giftiger wird. Dann kommt urplötzlich Bewegung in das Ganze, blitzartig schießt der schwarze Kraftklotz auf die Stelle zu, wo der Hundelaut eindringlich zu hören ist. Einen Wimpernschlag lang sehe ich den Keiler – zu kurz für einen Schuss. »Uta« weicht zurück, der Urian hat versucht sie anzunehmen. Aber da kennt er meinen Hund eben nicht. Sie ist als junge Hündin einmal derb geschlagen worden, hat sich glücklicherweise ihren Schneid trotzdem erhalten, ist aber auf solche Angriffsmanöver immer eingerichtet. Gleich setzt sie auch ihren Standlaut fort, täuscht ihrerseits Angriff vor und lässt dem schwarzen Kerl keine Ruhe. Hin und her geht das nervenaufreibende Duell, wenn ich doch nur für einen Augenblick das Schwein frei bekäme!

Da bricht der grobe Basse durch. Ich sehe an der Bewegung der Spitzen des Schilfes, wie er geradlinig und schnell seitlich nach außen strebt. Da muss er eine Lücke passieren, mehr reflexartig reiße ich die Waffe hoch und habe ihn im gleichen Augenblick im Visier. Dumpf grollt der Schuss und als den schwarzen Kämpfer meine Kugel fasst, geht er schlagartig hinten nieder. Meine tapfere »Uta« ist ran, der Keiler sitzt auf den Keulen und klappert schaurig mit seinem Gewaff. Sofort bin ich runter von meinem Hügel und dringe seitlich in das Schilf ein. Die ersten zwanzig Meter sehe ich nichts von dem dramatischen Geschehen, orientiere mich nur nach dem Laut meines Hundes und des bösen Waffengeklappers des Schweins. Dann endlich erreiche ich die Lücke, und als mein Hund außer Gefahr ist, schicke ich eine weitere Kugel hinter den Teller des Bassen, die ihn augenblicklich verenden lässt.

Als sich dann die Anspannung allmählich löste, schüttelte es mich für ein paar Augenblicke, wie bei einer Espe das Laub. Ich holte extra vom Waldrand einen stattlichen Eichenbruch, der seine mittlerweile braunen Blätter noch hielt. Dann liebelte ich meine »Uta« aufrichtig und dankbar ab, gab den »letzten Bissen« und mir einen bewusst kleinen Bruch an den Hut. Anschließend saß ich eine Weile neben dem Bassen, rauchte und ließ die beinahe unendliche Geschichte noch einmal innerlich aufleben.

Dann rief ich Richard per Handy an, bat ihn zu kommen und seinen Anhänger mitzubringen, wenn möglich auch noch ein oder zwei Helfer. Der fragte gar nicht weiter, knurrte Zustimmung und legte auf.

Ich begutachtete den linken Hinterlauf, stellte fest, dass der sich zwar auf normale Länge ziehen ließ, aber ein klumpenartig verknöchertes Gelenk hatte. Außerdem fehlte eine Schale, so dass das Tier seit langem sozusagen mit einem halben »Fuß« leben musste. Entgültig habe ich die Verletzung nicht klären können, obwohl ich später sorgfältig aufschärfte. Vermutete Geschossreste waren nicht zu finden, vielleicht war alles die Folge eines Verkehrsunfalls. Trotzdem brachte der alte Kämpe, wie sich herausstellte, noch einhundertsechsundzwanzig Kilogramm auf die Wage.

Längst war ich mit der roten Arbeit fertig, als Richard mit einem jungen Mann aus dem nahen Dorf kam. Als der Altmeister herantrat, beobachtete ich seine Mimik ganz genau und wartete auf eine Meinungsäußerung. Diese fiel dann so umfassend wie detailliert und tiefgründig aus. »Na endlich, hast du es doch noch geschafft, Waidmannsheil! Los, aufladen!«

Weiterer Kommentar war wohl überflüssig und so gehorchten wir dem Kommando. Immerhin drosch er mir später beim Abschied anerkennend und gewaltig auf die Schulter.

Pferdebremse, Schanzenbock und ein Legendenstein

Wieder war es Hochsommer, die Luft stand heiß am Tage und drückte auf Leib und Gemüt. Ich war nach Thüringen aufgebrochen, um den reifen Bock, den ich im Vorjahr frei hatte aber nicht strecken konnte, in den heimischen Wäldern zu schießen.

Gern dachte ich an die Urlaubswoche im Jahr zuvor zurück. Ich hatte einen älteren Bock erlegt, der in seiner Krone einseitig einen langen, gefährlichen Spieß trug und auch an der anderen Stange kaum mehr Sprossen aufwies – ein lohnender Hegeabschuss also. Damit war ich eigentlich hochzufrieden, meine Waidkameraden aber vertraten die Auffassung, ich hätte noch immer den Erntebock frei.

Dankbar und nur zu gern kam ich also der Aufforderung nach, im Sommer mein Waidmannsheil erneut zu versuchen. Ich sollte wieder rund um das Tal der Weida versuchen, einen der reifen Rehböcke zu waidwerken, was mir sehr recht war.

Mit Heinz, dem pensionierten Polizisten, der hier jagte, war ich freundschaftlich verbunden und kannte ihn von Kindesbeinen an. Einmal – wir waren vielleicht neun oder zehn Jahre alt – hatte er meinen Freund Horst und mich erwischt, wie wir mit einem zweckentfremdeten Damenstrumpf, aus dem wir eine Art Kescher gebaut hatten, versuchten Ellritzen und andere kleine Fische zu fangen und dazu illegalerweise auf ein Betriebsgrundstück vorgedrungen waren, in welchem der kleine Bach mündete. Krebse, Fische und vielfältiges anderes Getier gab es damals in den kleinen Gewässern noch in großer Vielfalt, bevor Meliorationswut und Überdüngung diese Lebensräume verarmen ließen.

Was wir davon halten würden, wenn er unsere Unternehmung in unserem jeweiligen Zuhause mitteilen würde, wollte der Mann in Uniform wissen. Nichts, ganz und gar nichts hielten wir davon und teilten ihm das auch sehr kleinlaut mit. Also hieß er uns, die Beute ins Wasser zu entlassen, und das war es dann auch. Die Steine, die uns von den Herzen fielen, liegen vielleicht heute noch da.

Vor dem ersten Waidgang konsultierte ich natürlich meinen älteren Waidkameraden. Dabei erzählte er mir von einem Bock, den er nur zweimal zu Gesicht bekam und auch nicht mehr bei gutem Licht. Jedenfalls hätte der hoch auf und dem Gebäude nach könne auch das Alter passen. Allerdings wäre es fraglich, ob er in der Woche, die ich Zeit hätte, zu bekommen sei, heimlich wie der wäre.

Nur Versuch macht klug, waren wir uns einig und verabredeten für den Abend einen gemeinsamen Ansitz. So saß Heinz am unteren Ende eines langen Wiesenstückes, das sich talwärts tief in den bewaldeten Hang einschnitt. Sollte der Bock irgendwo an dieser Flanke auswechseln, würde er ihn zu Gesicht bekommen und wir wären vielleicht ein Stück schlauer.

Ich selbst erstieg einen Hochsitz am anderen Ende, welcher seitlich zwischen einigen Birken stand. Dahinter grub sich ein rundliches, hässliches Loch von etwa zwanzig Metern im Durchmesser in den Boden. Vor Jahren fanden hier Probebohrungen statt, unter anderem wohl nach jenem seltenen, strahlenden Metall, das der große Segen, aber derzeit mehr noch der große Fluch der Menschheit sein kann – Uran. Stand man auf dem Hochplateau oberhalb der beschriebenen Stelle, konnte man an wenigen klaren Tagen im Jahr und entsprechender Fernsicht zwei kegelförmige Berge sehen – Abraumhalden der Förderung des diabolischen Stoffes. Als ich viele Jahre später selbst tief bewegt im Friedenspark von Hiroshima stand, an jener Stelle, über der die apokalyptische Kraft erstmals über Menschen entfesselt wurde, fielen mir die beiden unschuldig wirkenden Hügel wieder ein. Grauenvoll der Gedanke, dass sich das wiederholen kann und unerträglich der Verdacht, dass dann der Grundstoff dafür aus der heimischen Erde stammen könnte.

Nun saß ich also mit dem Rücken zu jenem Loch, das die gnädige Mutter Natur mit Birken- und Kiefernanflug, Himbeeren und Gräsern verschiedener Art längst wieder begrünt hatte. Im Altholz gegenüber tobte etwas nicht nur hin und her, sondern auch an den Fichtenstämmen hoch und runter und ich brauchte eine ganze Weile, bis ich begriff, dass sich dort zwei Eichhörnchen jagten. Ich versuchte, die munteren, flinken Gesellen ins Fernglas zu bekommen und hatte über dem angestrengten Schauen den Waldrand vernachlässigt. Da steht urplötzlich ein Bock auf der Wiese, dessen Anwechseln ich also verpasst hatte. Ein Bock, das sah ich gleich, war das nur dem Geschlecht nach. Nicht einmal lauscherhohe Spieße trug dieser Jährling, sicherte ständig nach den beiden Kobolden, die nach wie vor ihren Spaß zu haben schienen und bewegte sich unschlüssig hin und her. Schnell hatte ich zu entscheiden, was zu tun sei. Schoss ich diesen geringen Bock, war der alte Geheimrat passé, jedenfalls für diesen Abend. Tat ich es nicht, hätte der Eindruck entstehen können, ich wäre nur hinter den starken Trophäen her. Vor allem aber wollte ich meiner eigenen Überzeugung hinsichtlich Hege mit der Büchse nicht untreu werden, und dieser Bock gehörte in die Kategorie die scharf zu bejagen waren. Also nahm ich den Drilling und war kaum fertig, als der schwache Einjährige auch schon lostrollte. Ich pfiff durch die Zähne, was den rotbraunen Gesellen augenblicklich zum Stoppen veranlasste. Da war der Zielstachel aber bereits auf dem Blatt und ich riss Funken.

Der Bock quittiert die Kugel mit tiefen Fluchten, erreicht hochflüchtig neben meinem Hochsitz den Birkensaum des Loches und wurde unter lautem Brechen von Geäst und Strauchwerk vom dichten Bewuchs verschluckt. Allerdings glaubte ich, als letztes Geräusch einen dumpferen Laut gehört zu haben und schloss, dass das Stück abgestürzt sei. Mit der nicht sehr erquicklichen Aussicht auf eine nächtliche Kletterpartie – im Bestand war es mittlerweile dunkel geworden – verließ ich nach einigen Minuten meine Leiter und wartete auf meinen Jagdgefährten, der langsam den Wiesengrund heraufgelaufen kam. Dieser hatte das Geschehen von weitem beobachten können und war wie ich der Auffassung, dass der Bock die Kugel ordentlich haben müsse.

Da ich die Stelle des fluchtartigen, wunden Einwechselns auf den Meter genau bestimmen konnte, verzichtete ich ausnahmsweise auf die Untersuchung des Anschusses, ging zum Saum des Holzes am Rand des Loches und fand auch gleich Schweiß.

Die Temperatur bewegte sich an diesem Sommerabend noch immer um zwanzig Grad. Deshalb trachtete ich danach, den Bock möglichst schnell aufbrechen zu können. Der praktizierende Waidmann weiß, wie schnell bei solcher Wärme auch ein geringes Stück trotz guten Schusses zu verhitzen beginnt. Ich langte mir aus dem Rucksack eine kleine, handliche Taschenlampe, entledigte mich aller überflüssigen Dinge und drang nur mit Messer und Lampe bewaffnet voran.

Nach vier oder fünf Metern stand ich tatsächlich am Rand des Loches und stellte anhand von Schweiß und frisch geknickten Zweigen und Stängeln fest, dass mein Bock sich unter mir befinden musste. Ich hangelte mich also an den etwa armstarken Birken drei bis vier Meter steil nach unten, bis auf die Sohle des Loches und stieß mit dem Fuß an etwas Weiches. Der Lichtkegel der Taschenlampe erhob dann auch gleich meine Hoffnung zur Gewissheit: Der Jährlingsbock lag verendet mit Kammerschuss unmittelbar vor meinen Füßen. Schnell brach ich auf, befestigte ein Mittelding zwischen Wäscheleine und Kälberstrick, das mein Waidkamerad aus seinem Rucksack gezaubert hatte hinter dem Haupt, warf das andere Ende dem oben wartenden Jägersmann zu, der das leichte Stück nach oben hievte. Selbst oben angekommen, saßen wir nach letztem Bissen für den Bock und einem Bruch und Waidmannsheil für mich im Grase und rauchten. Ob ich denn etwa gedächte den alten Bock genauso mit einem Pfiff zu übertölpeln, begehrte Heinz zu wissen. Nein, antwortete ich, mir sei schon klar, dass jener sich dann hinter die nächste Fichte stellen und mir was pfeifen würde. Das stellte den erfahrenen Kameraden zufrieden und er fragte mich weiter, ob ich Durst hätte. Das Wort Durst wäre die Verniedlichungsform dessen, was ich derzeit um den Drosselknopf herum empfände, teilte ich mit, worauf mir lachend Abhilfe versprochen wurde.

Die einzige Flüssigkeit, deren ich vorläufig habhaftig werden sollte, bestand allerdings nur aus meinem eigenen Schweiß, welcher mir in Strömen über den Körper floss. Wir gingen nämlich zunächst querwald- bzw. querfeldein in Richtung einer kleinen Siedlung, die an das Revier grenzte. Da ich den Rucksack samt Bock und den Drilling trug, war ich durchgeschwitzt wie nach einem Saunabesuch und lechzte förmlich nach einem kühlen Hellen.

Die kleine, oberhalb des Städtchens vorgelagerte Siedlung trägt den Namen »Kranich«, obwohl unklar ist, ob und wann der stolze Vogel hier seinen Trompetenruf erschalen ließ. Zur Siedlung gehört eine Gastwirtschaft, die praktischerweise den selben Namen trägt – »Zum Kranich«. Ich meldete Bedenken an, ob es denn in Ordnung sei, in der elften Stunde am Abend dort noch Einlass zu begehren. Kein Problem, meinte der Waidmann und tatsächlich erschien die ältere, freundliche Wirtin namens Lotte auf sein Klopfen hin in Nachthemd und Morgenrock am Fenster und schloss die Tür auf, als sie Heinz erkannte hatte. Umgehend bekamen wir auch jeder ein Bier, wobei die erste Hälfte des Meinigen vermutlich gleich in der Kehle verdampfte und nur der Rest das Ziel seiner Fließrichtung weiter unten erreichte.

Wir tranken dann jeder noch ungefähr anderthalbes Glas des kühlen Gerstengebräus und strebten nach Hause. Weiter wurde verabredet, dass ich am Morgen und über Tage, etwa bei der Faulpirsch, versuchen sollte, den Aufenthaltsort des heimlichen Bockes näher zu lokalisieren und uns dann am Abend vor dem Ansitz wieder am »Kranich« zu treffen, um die weitere Vorgehens weise zu besprechen.

Prompt verschlief ich. An welchem Ort der Welt schläft es sich wohl besser, als an jenem, wo bereits das Kinderbett stand?

Ich empfahl mich nach dem Mittagessen und tauchte aus der Gluthitze, die über Feld und Flur lag in den wohltuenden Schatten der Fichtenwälder des Weidatales ein. Langsam und vorsichtig, beinahe wie während einer morgendlichen Pirsch, suchte ich Fege- und Plätzstellen sowie andere Hinweise, die auf die Anwesenheit eines stärkeren Bockes schließen ließen. Dabei lief ich großräumig um den Ort, an denen sich der heimliche Herr im rotbraunen Wams meinem Waidgenossen Heinz gezeigt hatte. Die stille Hoffnung jedoch den Bock selbst irgendwo zu überraschen, erfüllte sich nicht. Überhaupt ließ sich kein Stück Rehwild sehen, nicht auf vergleichsweise kühlen Blößen im Wald und auf der heißen Flur schon gar nicht.

Als die dritte Stunde anbrach, suchte ich einen Hang mit wunderschönem, weitem Blick ins Tal, in welchem ich noch aus Kindertagen eine winzige Quelle wusste. Ich fand diese tatsächlich wieder, trank und legte mich unter eine alte Fichte. Ich schaute in den sattgrünen Wipfel des Baumes, welcher sich ganz leicht im Wind wiegte und im schönsten Kontrast zum tiefen Blau des Sommerhimmels stand …

Plötzlich ertönte wildes Geschrei. Eisen schlug klingend auf Eisen, Pferde wieherten, Vieh brüllte und Menschen ächzten und schrien in höchster Not. Kommandos in einer fremden Sprache waren zu hören, Musketen wurden abgefeuert und erfüllten das unschuldige Tal mit heißem Pulverdampf. Als ein heruntergekommen wirkender, baumlanger Kerl mit verfilzten Haaren und Bart sein Schießgerät auf eine große, auf dem Boden stehende Gabel legte und auf mich anschlug, wurde ich mit einem Ruck munter. Benommen nutzte ich die kleine Quelle, schüttete mir

Wasser aus der hohlen Hand in Gesicht und Nacken und freute mich des Lebens.

Ich war wohl mit dem Gedanken an Georg Kresse beschäftigt, als ich einschlief, jenem legendären Bauerngeneral aus der Zeit des Dreißigjährigen Krieges, der aus einem der umliegenden Dörfern stammte. Dieser befehligte eine kleine partisanenähnlich organisierte Armee, die bei Bedarf zusammengerufen wurde und sich aus den Ansiedlungen der Umgegend rekrutierte. Plünderte wieder einmal marodierende Soldateska aus aller Herren Länder eines oder mehrere der Dörfer, nahm ihnen Kresse und seine Mannen das Raubgut in den tiefen Wäldern wieder ab und gab es den Eigentümern zurück. Eine Art thüringischer Robin Hood also.

Nun ist mein liebliches Weidatal nicht der Sherwood Forest und Georg Kresse hat es nicht zu der Berühmtheit gebracht, wie der sagenhafte Bogenschütze von der fernen Insel. Trotzdem – der Gedanke, dass die Söhne dieses Landes zusammenstanden und den mordenden und plündernden Haufen einheizten gefiel mir schon immer.

Nun wollte ich mich einstweilen nach Hause trollen und verschob meine Hoffnungen in Sachen Hauptbock auf den Abend. Mein Weg führte an einer Sprungschanze vorbei, die Enthusiasten des Sportes auf den Brettern in den fünfziger Jahren mit viel Fleiß und wenig Geld in das hier besonders steile Gelände gebaut hatten.

Als ich oberhalb am Rand des Geländes entlang lief, traute ich meinen Augen nicht. Die Anzahl der kleinen Bäume, die zum Teil derb gefegt waren, häufte sich und desgleichen die Stellen an denen ein Rehbock, den mit Nadelstreu bedeckten Waldboden heftig frei geplätzt und seinen Artgenossen damit eindeutig seine Territoriumsansprüche kundgetan hatte. Auch wenn das natürlich ein anderer als der Gesuchte gewesen sein könnte – vielleicht lag hier die Lösung des Rätsels über den Einstand des älteren Herren mit der edlen Krone zwischen den Lauschern.

Ich war versucht, den Gedanken zu verwerfen. Sollte ausgerechnet hier, in einem vergleichsweise unruhigen Gelände der alte Heimlichtuer seine Einstand gewählt haben? Die Skispringer trainierten auch im Sommer auf speziellen Matten und so war rund um die Schanze, insbesondere an den Wochenenden, immer wieder menschliche Aktivität gegeben. Andererseits: Die Leute, die sich hier bewegten, benutzten immer dieselben Wege. Die Springer fuhren die Schanze hinunter und erzeugten dabei immer das gleiche Geräusch, stiegen anschließend wieder neben der Schanze hinauf und wiederholten das ganze auf gleichem Wege. Da gab es unten und oben sicher noch Trainer, Helfer und – im Sommer eher weniger – ein paar Zuschauer. In die seitlichen Hänge drangen die wohl alle nicht ein und außerdem beschränkte sich das Ganze eher auf wenige Stunden am Wochenende.

Diese weitläufigen seitlichen Hänge, wusste ich, hatten es in sich. Als Heranwachsender war ich mit jugendlicher Unbekümmertheit mehr als einmal in diese Berge eingestiegen, auf der Suche nach Steinpilzen, Maronen, Pfifferlingen und den selteneren, wunderbaren Rotkappen. Große Partien des Geländes waren mit flachem Gesteinsbruch und Schutt überdeckt. Neben der fatalen Neigung des Materials ins Rutschen zu kommen sobald man es betrat, wies die Oberfläche der oft flachen Stücken noch einen schmierigen Überzug aus Verwitterungsstaub auf – vor allem bei Regen oder hoher Luftfeuchtigkeit. So brauchte es also nicht viel, um unfreiwillig talwärts bewegt zu werden, bis man Äste oder kleine Bäume zum Festhalten greifen konnte.

Warum sollte also der Bock seinen Einstand nicht in diesem für Menschen schwer zugänglichen Terrain bezogen haben und gemütlich im Bett sämtliche Verdauungsvorgänge zelebrieren, während die eigenartigen Zweibeiner ab und zu den Berg hinaufliefen und aus unerfindlichen Gründen immer wieder hinunterrutschten?

Nun brannte ich darauf, meinem älteren Waidkameraden meine Beobachtung mitzuteilen und dessen Ansicht zu hören. Zeitig war ich also am Abend am verabredeten Treffpunkt und setzte mich auf eine Bank vor der Wirtschaft um auf Heinz zu warten.

Vor dem Gasthaus verläuft eine – heute wenig bedeutende – Straße, die vor Jahrhunderten eine wichtige Handelsverbindung zwischen Leipzig und Nürnberg war. Die damals schon existierende Einkehr diente als Herberge und Gastwirtschaft für die müden Reisenden.

Neben dem Gebäude liegt ein großer Stein, den der eher kleinwüchsige Napoleon Bonaparte, der hier auch rastete, der Legende nach bestieg, um wieder auf sein Pferd zu kommen. Als ich da so auf meiner Bank sitze, beschäftigt mich der Gedanke, welchen Verlauf wohl die Weltgeschichte genommen hätte, wenn just in dem Moment, als der kleine Korse aufstieg, eine der zahlreich vorhandenen Pferdebremsen den Gaul attackiert und dieser den Kerl vor Schreck und Pein auf der anderen Seite gleich wieder auf die Straße geschmissen hätte?! Aus wär's gewesen mit Welteroberungsplänen, mangels Ideen und Strategie im lädierten Kopfe! Der kleinen Siedlung hätte man wohl das Stadtrecht zuerkannt, den Bewohnern Steuerbefreiung bis zum Jüngsten Tag garantiert und ein Denkmal gebaut – für das Insekt und das Pferd.

Glücklicherweise wurde ich bald aus derartig anspruchsvollen Gedankenkonstrukten gerissen, denn der erwartete Waidmann tauchte auf.

Auch dieser hielt es durchaus für möglich, dass der gesuchte Bock in den tiefen Hängen des Schanzenumlandes stand. Momentan freilich, waren wir uns einig, konnte der liebesdurstig oder -trunken überall auftauchen. Wir verabredeten, dass wir abends sitzen sollten, während ich morgens pirschen würde.

Oberhalb des Waldgeländes auf einem Hochplateau gab es Wiesen und Felder im bunten, kleinstrukturierten Wechsel. Getreide, Kartoffeln, Luzerne und Wiesenstücke wechselten sich ab, getrennt durch ein Netz kleiner Feldwege mit üppiger Randvegetation. Dieses bunte Flächenmosaik schmiegte sich an den Saum des Waldes, der als tiefgrünes Band im Hintergrund anschloss. Während mein Waidkamerad ziemlich tief im Tal am Rand einer Wiese mit einem kleinen Teich saß, welche ihrer prägnanten Form wegen als »Muschel« bezeichnet wird, hatte ich meinen Aufenthalt auf dem Hochplateau gewählt, um eine möglichst große Übersicht zu haben. Es war ja Blattzeit und sollte der Bock seiner »Manneskraft« nicht verlustig gegangen sein, musste der doch treiben und sich irgendwo zeigen, hoffte ich. Ich erklomm einen kleinen Leitersitz am Rande eines Kartoffelfeldes. Kaum war ich oben, drangen mir Laute ins Ohr, die ich schon lange nicht mehr vernommen hatte – Rebhühner. Und dann sah ich sie auch. Eine Henne mit ihrem zahlreichen Gesperre lief in den Dämmen. Ich freute mich über die Anwesenheit der selten gewordenen und ansonsten ausgesprochenen wohlschmeckenden Hühner, wünschte dem Volk eine fuchsfreie Zeit und leuchtete die Fläche im weiten Rund mit dem Fernglas nach Rehwild ab.

Lange passierte nichts. Es mochte eine kleine Stunde vergangen sein, die Sonne stand schon deutlich tiefer, als ich glaubte in einem weiter entfernten Getreidefeld in Richtung des Weges, zur Sprungschanze Bewegung zu sehen. Der Blick mit dem Fernglas in diese Richtung brachte nichts, da der gelbe Planet, zu dieser Zeit mit rötlicher Aura, ins Okular gleißte.

Ich brauchte aber die Linsenoptik gar nicht weiter bemühen. Das Ganze passierte am Rand des Getreidefeldes zur Wiese, aus dem Punkt wurde ein Strich, hinterher gleich noch einer und binnen Sekunden jagten zwei Rehböcke keine fünfzehn Meter an mir vorbei. Der Gejagte war natürlich ein jüngerer, zwei- bis dreijähriger Bock mit dünnen Gehörnstangen. Der jagende, ältere Bock allerdings ließ meinen Puls in die Höhe schnellen. Hoch auf hatte der, gut, fast rechtwinklig vereckt. Soviel sah ich, trotz der windeseiligen Fortbewegung, jedenfalls gleich und auch dem Gebäude nach, war dies zweifellos ein älteres Semester. Das musste der Gesuchte sein und jawohl – dieser Bock war aller Mühe wert!

Nachdem mir dies alles blitzartig durch den Kopf ging, griff ich zum Drilling in der Hoffnung, dass die wilde Fuhre doch einmal anhalten und verhoffen möge. Aber da war natürlich der Wunsch der Vater des Gedanken, beide Stücken passierten sogar unfallfrei die Kartoffeldämme in wilder Flucht und trugen höchstens ein wenig zur ökologischen Landwirtschaft bei, indem sie mit ihren Läufen Kartoffelkäfer und deren Larven aus den Stauden schlugen. Nach einem weiten Bogen richtete sich die Bewegung wieder Richtung untergehende Sonne, die Stücken wurden wieder zum Strich, dann zum Punkt und wurden vom Waldrand aufgenommen.

Ich war begeistert. Noch hatte ich einige Tage Zeit und kannte jetzt ungefähr den Einstand des Herren mit der stolzen Krone auf dem Haupt. Gleich begann ich Pläne zu schmieden und Strategien zu entwickeln und sollte dies alles keinen Erfolg zeitigen, nahm ich mir vor es mit der Blatte zu versuchen.

Da grollte ein Schuss aus dem Tal der Weida herüber. Die Richtung war eindeutig, das musste Heinz gewesen sein. Sofort baumte ich ab und lief schnellen Schrittes, um eventuell helfen zu können. Als ich den Rand der muschelförmigen Wiese erreichte, sah ich meinen Waidkameraden schon von weitem mit geneigtem Oberkörper den Boden nach dem Anschuss untersuchen. Wir fanden dann nach einigen Metern auch Schweiß und verfolgten die Wundfährte bis zum Rand des Waldes. Unmittelbar am Bestandesrand stand ein kleiner, etwa mannshoher Fichtenhorst, in welchen die gut schweißende Fährte hineinführte. Ich legte Waffe und Jacke ab und kroch hinein. Kaum war ich auf den Knien und ein wenig in das Gezweig eingedrungen, sah ich schon den Spiegel des Bockes in seitlicher Lage, das Stück war verendet. Ich rief »Waidmannsheil« nach draußen, was mit entsprechendem Dankesgruß und einem befreit wirkendem Lachen beantwortet wurde. Schnell hatte ich das Stück – einen zwei oder dreijährigen einseitigen Gabler – geborgen und versorgt. Nachdem ich dem Bock den letzten Bissen in den Äser geschoben und dem Erleger den Bruch überreicht hatte, saßen wir noch lange und tauschten unsere Erlebnisse aus. Glücklicherweise wusste ich nicht an jenem Sommerabend, dass dies der letzte Bock meines älteren Freundes gewesen sein sollte. Monate später erkrankte Heinz schwer und ein knappes Jahr später nahm der Tod diesem bescheidenen, gerechten Waidmann die Büchse für immer aus der Hand.

Am nächsten Morgen war ich im ersten Licht im Revier, sah aber nichts als einen gut veranlagten Jährling, der auf einem Luzerneschlag äste. Der sicherte ständig nach allen Seiten und tat so, als müsse er für jeden Bissen Strafe zahlen. Meine Hoffnung, dass der den Platzbock zum Erscheinen provozieren würde, erfüllte sich nicht. Allerdings sah ich von einem Hochsitz, den ich am Waldrand zwecks besseren Rundumblick kurzzeitig bestiegen hatte, dass in eine Wiese Hexenringe getreten waren. Also war der Bock hier in der Nacht aktiv. Vom Rand dieser Wiese pirschte ich leise in den Fichtebestand. Hier gab es kaum Bewuchs auf dem Waldboden und das dicke Polster aus Nadelstreu dämpfte jeden Schritt, so dass ich beinahe lautlos vorankam. Immer wieder blieb ich stehen und suchte mit dem Fernglas langsam und sorgfältig. Als ich bis zum Ende des Altholzes sehen konnte, glaubte ich am Rand eines Hanges am Sprungschanzengeländes einen rotbraunen Fleck zu sehen. Die Erscheinung war gleich wieder verschwunden und ich war mir nicht sicher, ob mir meine überreizten Sinne nach dem ständigen, angestrengten Schauen nicht einen Streich gespielt hätten. Dennoch setzte ich meine Pirsch mit noch größerer Sorgfalt fort, was sich auszahlen sollte.

Die Strahlen der aufgehenden Sonne wurden durch die dicht benadelten Wipfel des Fichtendaches über weite Flächen an der direkten Einstrahlung gehindert, dort aber, wo sich eine Lücke bot, sah man den schönsten, warm anmutenden Lichtkegel auf den Boden des Waldes einfallen. Inmitten eines solchen Lichtkranzes stand eine Ricke und naschte an einem Himbeerstrauch. Schnell nahm ich Deckung hinter einer stärkeren Fichte und stellte den Drilling an den Stamm. Der Bock sollte nicht weit sein, hoffte ich inständig. Aber minutenlang passierte gar nichts und als das Reh weiterwechselte überlegte ich, bis zum Rand des Hanges weiterzupirschen.

Doch dann ging alles ganz schnell. Plötzlich erschien der Bock auf dem gleichen Fleck, auf dem die Ricke vorher geäst hatte. Mit dem Fernglas vergewisserte ich mich, dass ich tatsächlich den Gesuchten vor mir hatte, nahm den Drilling und strich am Stamm des Baumes an. Als ich das Blatt frei hatte, entsicherte ich die Waffe, stach ein und ließ fliegen. Der Knall des Schusses verschlug sich in den steilen Hängen und kam mir als mehrfaches Echo wieder entgegen. Den Bock sah ich mit einer hohen Flucht zeichnen und, wie ich im Stillen schon vorher befürchtet hatte, über die Kante des Abhanges buchstäblich abtauchen. Bangen Herzens wartete ich ein paar Minuten und ging dann leise und vorsichtig an den Anschuss und die unmittelbar daneben befindliche Absturzstelle heran. Ich musste mich gewissermaßen selbst zu ruhigem Vorgehen disziplinieren, war es doch nicht ganz auszuschließen, dass das Stück unter mir im Wundbett saß und bei lauter Annäherung durch mich aufgemüdet würde.

Als ich endlich in den Hang hineinsehen kann, stellt sich sofort große Erleichterung ein und auch ein Glücksgefühl verspürte ich. Nur zwei oder drei Meter tiefer hatte eine kleine Fichte den Bock aufgefangen und schnell konnte ich ihn bergen. Nach der roten Arbeit saß ich noch lange neben dem Kapitalen mit dem letzten Bissen im Äser unter den rauschenden Fichten.

Das lachende Gesicht meines Waidkameraden, als er den prallen Rucksack mit dem oben herausragenden Haupt und der starken, edel geformten Trophäe sah, steht mir noch deutlich vor Augen.

Es sollte mein letzter Bock in den heimischen Wäldern gewesen sein. Die Verhältnisse änderten sich und auch mich hat das Schicksal in den folgenden Jahren kräftig durchgeschüttelt. Wenn ich heute heimkomme, und sei es nur auf einen Blitzbesuch, versuche ich dennoch, immer eine kleine Weile für einen Blick in das Weidatal zu haben. Dann stehe ich am Hang und freue mich still an den Bildern der Vergangenheit.

Alle Jahre wieder – der Ärger mit dem Weihnachtshasen

Aus Kindheitstagen hatte ich ihn noch in bester Erinnerung – den Geschmack eines wohlzubereiteten Hasenbratens, der traditionell zu den Weihnachtsfeiertagen oder zum Jahreswechsel auf den Tisch kam. Mein Vater, der kein Jäger war, besorgte diesen alljährlich von einem Waidgenossen, mit dem er befreundet war und regelmäßig Skat spielte. Ob das Langohr dann möglicherweise als Einsatz diente, entzieht sich meiner Kenntnis. Meine Erinnerung daran wird vor allem von der Geräuschkulisse dominiert, denn die Männer droschen mitunter auf die Tischplatte ein, als wollten sie diese einer Materialprüfung unterziehen. Wie ich später lernte, dürfte dies dann die so genannte Schlagbiegefestigkeit gewesen sei. Der Tisch jedenfalls hat es stets ausgehalten und der Hase war auch immer da. Ich kann mich nicht entsinnen, dass Lampe jemals durch einen seiner zahmen Vettern aus dem Stall hätte ersetzt werden müssen.

Als junger Mann hatte ich selbst recht viel mit Feldhasen zu tun. Zu jener Zeit und vor dem Studium arbeitete ich als Assistent in einer wissenschaftlichen Einrichtung, die sich unter anderem mit dem Hasen und dessen Biologie beschäftigte. Damals wurden in der sächsischen Tiefebene noch Tagesstrecken von fünf- oder sechshundert Tieren erzielt, und zwar ohne dass jene Jagdgebiete etwa einen Sonderstatus gehabt hätten. Dort fuhr ich hin und konnte das erste Treiben immer mitmachen. Ich führte eine leichte Doppelflinte im Kaliber sechzehn aus bewährter südthüringer Produktion, an die ich heute noch mit einer gewissen Wehmut denke. In den allermeisten Fällen rollierte Lampe auf dem schweren, lehmigen Boden, ohne dass es eines zweiten Schusses bedurft hätte.

Nach dem ersten Treiben war die Jagd für mich zu Ende – ich bekam Arbeit. Zunächst hatte ich das Geschlecht zu bestimmen, dann, anhand des Stroh'schen Zeichens, das Alter grob einzuordnen und schließlich einen Seher zu entnehmen, durch welchen, nach entsprechender, späterer Laborarbeit die exakte Altersbestimmung vorgenommen wurde. Allerdings waren durch die spätherbstlichen Witterungsbedingungen meine Aufzeichnungen oft genug in einem Zustand, die jeden Graphologen zur Verzweiflung gebracht hätten. Von Regen – oder Schneeklatsch durchweicht und mit Lehmschlieren verziert, die einem expressionistischem Gemälde hätten entstammen können, hatte ich in der Nachbereitung oft genug Mühe, meine eigene Niederschrift zu entziffern. Mehr als einmal fiel mir dabei der einprägsame Spruch ein, den einer meiner frühen Lehrer zu gebrauchen pflegte, wenn einer seiner Schüler mit der eigenen Schrift nicht zurechtkam: »Hat's geschrieben und kann's nicht lesen – ist er nicht ein Ochs' gewesen?«

Auch musste ich mich im Laufe des Tages selber zur Sorgfalt gemahnen. Das Stroh'sche Zeichen, jene kleine Verdickung am Vorderlaufknochen, die nur bei Junghasen noch fühlbar ist, war mit vor Kälte halbtauben Fingerkuppen nach dem zighundertsten Exemplar einfach nicht mehr ertastbar. Also wärmte ich mir hin und wieder die Hände kurz auf und schaute sehnsüchtig auf die Schützen, welche mit Handschuhen ausgerüstet waren oder sich aus der Thermoskanne bedienten

Jahre später – mittlerweile war ich selbst zum Familienvater geworden – schwärmte ich meiner Frau regelmäßig, wenn das Jahr zur Neige ging, von der Tradition des Hasenbratens um die Feiertage vor. Wenn mir soviel daran läge, bekam ich zu wissen, würde sie diesen zubereiten, ich solle nur erst einmal einen schießen. Dies sei kein Problem, antwortete ich etwas düpiert und leicht verärgert, dass da überhaupt Zweifel aufkommen könnten. Schoss ich nicht jedes Jahr Reh- und Rotwild sowie Sauen in ansehnlicher Strecke? Wieso sollte ich also Schwierigkeiten bei der Erbeutung eines einzelnen Krummen haben? Ich dozierte über Hasenpässe, an denen man sich ansetzen könne, die Möglichkeit mit meiner »Uta« zu brackieren und diverse andere Methoden dem Lepus an den Balg zu gehen.

Im folgenden Frühjahr und Sommer sah ich die Mümmelmänner in vergleichsweise großer Anzahl. Nun wusste ich freilich um den Trugschluss, vom Frühjahrsbesatz auf die Population im Herbst schließen zu wollen. Dennoch: Das Wetter hatte in den zeitigen Monaten einen günstigen Verlauf genommen, so dass wohl viele Junghasen hochgekommen waren. Außerdem hatte ich im vergangenen Jahr sage und schreibe sechzehn Füchse geschossen, sicher auch deshalb, weil mein Vorgänger in jenem Revier dem Rotrock jahrelang keine Beachtung schenkte und lieber auf essbares Wild wartete. Frohen Mutes sah ich also dem Herbst entgegen, frönte aber zunächst ausgiebig den waidmännischen Freuden der lichten, warmen Jahreszeit.

Wochen und Monate vergingen und als Anfang Oktober der letzte Schrei der Hirsche verklungen war, die Blätter im Wind tanzend zu Boden fielen und der erste morgendliche Reif auf Gras und Zweigen glitzerte, fiel mir der vierläufige Weihnachtsbraten wieder ein. In der zweiten Hälfte des November, vielleicht Anfang Dezember, wollte ich ihn schießen und anschließend einfrieren, so dass der Braten pünktlich vor dem Fest zur Verfügung stand. Feiner Plan – nur hatte ich diesen ohne den Hasen gemacht!

Erst einmal sah ich – wie alle Jahre um diese Zeit – keinen mehr. Die Langohren waren heimlich verschwunden – weg!

Nur nicht nervös werden, redete ich mir ein, bis Weihnachten ist es noch lange hin.

In jenem Jahr hatten wir eine Buchenvollmast, die Bäume schütteten ihre Früchte in verschwenderischer Fülle aus. Natürlich nutzte ich diese Zeit, pirschte auf Sauen und verbannte den

Gedanken an den Weihnachtshasen in das hinterste Kämmerlein meines Oberstübchens. Sowohl der Oktober- wie auch der Novembermond waren nicht – wie sonst so oft – verregnet und es war eine Lust, die schwarzen Gesellen in den klaren Nächten anzugehen. Im November gar verwöhnte uns Petrus pünktlich in den Tagen vor dem Vollmond mit einer kleinen »Neuen«, die den Waldboden und viele Zweige weiß überpuderte und immerhin eine Woche hielt.

Dann bekam ich Druck; in den Vorgärten schmückten die Leute ihre Koniferen mit weihnachtlicher Beleuchtung, unser Wohnzimmer war mit Adventskranz und Adventsstern liebevoll verziert und die Kinder putzten ohne Murren ihre Schuhe in Erwartung des Nikolaus.

Plötzlich hatte ich einen Hasen. Ich las ihn am Straßenrand auf, überrollt und übel zugerichtet. Umgehend schaffte ich den Dreiläufer zu einem der Luderplätze und nahm mir vor, nun ernst zu machen.

Da erreichte mich die Einladung eines Freundes. Er bejagte ein kleines Revier mit einem hohen Anteil von Wiesen, Feld und darin eingebetteten Teichen sowie anderen nassen Partien, die mit Weidensträuchern, Schilf und sonstiger Vegetation dicht bewachsen waren. Jährlich im späten Herbst oder zeitigen Winter führten wir mit wenigen, befreundeten Waidkameraden eine kleine Jagd auf Niederwild durch. Fünf oder sechs Jäger, zwei bis drei hochläufige Hunde und ebenso viele Treiber »klapperten«, wie wir das nannten, die Schilflöcher ab. Meist fand die eher gemütliche Veranstaltung am Samstagnachmittags statt und endete oft in froher Runde recht zünftig am Lagerfeuer. Geschossen wurde auf Hasen und Fasanenhähne. Manchmal gelang es auch, einen Fuchs zu strecken und ab und zu standen auch noch ein paar Enten auf.

Freudig sagte ich zu und erklärte auch gleich mein Problem mit dem Weihnachtshasen. So wir einen schössen, könne ich ihn natürlich haben, erklärte mein langjähriger Freund, der Revierinhaber und fügte mit genüsslichem Grinsen die mittelalterliche Weisheit an: »Erst haben – dann hängen!«.

Der Sonnabend kam, es herrschte klares, trockenes Wetter mit leichtem Frost. Vergnügt stopfte ich mir gegen Mittag die Taschen der Lodenjoppe voll Schrote und fand mich überpünktlich am Treffpunkt ein. Auch alle anderen kamen rechtzeitig und offensichtlich hoch motiviert. Eine kurze Einweisung folgte und dann ging es endlich los.

Bereits beim Ausgehen stand auf weite Entfernung ein Krummer in einer Koppel auf, verschwand jedoch zu meiner Freude in einer kleinen Hecke, aus der er nicht wieder auftauchte.

Am ersten Schilfloch wurden die Hunde geschnallt und begannen sofort eifrig zu stöbern. Plötzlich hörte ich den markanten, schnellen Schlag der Schwingen eines abstreichenden Fasans.

»Henne, Henne!« erklang der vereinbarte Ruf aus mehreren Kehlen. Die braungesprenkelten Damen wurden natürlich geschont. Ich sah dem Vogel noch ein wenig hinterher, bis er schließlich in den Gleitflug überging und in ein Erlenwäldchen schwebte.

Die nächsten beiden Schilfpartien brachten nichts. Dann umstellten wir eine etwas größere Fläche, die in ihrer Mitte eine kleine, offene Wasserstelle verbarg. Kaum abgestellt, brach ein Sprung Rehwild heraus, was die Hunde in Aufregung versetzte.

Meine Konzentration war wohl durch die Rehe etwas abgelenkt, denn erst der Ruf meines Nachbarschützen – »Hinter Dir!« – veranlasste mich zu einer augenblicklichen Drehung. Flach und tief, die Löffel angelegt, flitzt Meister Lampe über die Wiese. Sofort reiße ich das Doppelrohr an die Wange und heraus ist der Schuß. Offenbar ohne Wirkung, also schicke ich den zweiten aus dem Vollchokelauf hinterher. Vergebens, Lampe steuert unbeirrt auf das Erlenwäldchen zu und wird von diesem geschluckt. Auf meine Bitte hin wird ein bewährter Drahthaar auf die Spur geschickt, der jedoch nach einiger Zeit ohne Hasen im Fang zurückkehrt. An diesem Nachmittag kamen noch zwei weitere Fasanenhähne zur Strecke, ein Krummer kam gar nicht mehr vor.

Man kann sich also meine Stimmungslage vorstellen: Ein einziger Hase wird auf schussgerechte Entfernung hochgemacht und den schieße ich prompt vorbei!

Später am Feuer machten sich meine Waidkameraden rührend Gedanken um meine Verpflegungslage zum Fest bzw. um die innerfamiliären Gespräche. Die Herren übertrafen sich förmlich mit Ratschlägen voller Esprit, die ich mit süßsaurer Miene zur Kenntnis nahm. Ich musste an das alte Volkslied denken von der wahren Freundschaft, die nicht wanken soll …!

In den Folgetagen unternahm ich noch einige Versuche, um an die begehrte Beute zu kommen – umsonst. Der praktizierende Waidmann kennt diese eigenartige Konstellation, wenn man dringend ein Stück braucht, klappt gerade nichts.

Es wurde ein wunderschönes Weihnachtsfest, wir aßen traditionell und hatten Mußestunden mit den Kindern bis ins neue Jahr. Deutlich angesagt hatte ich lediglich, dass das Wort ›Hase‹ vorläufig aus dem Sprachgebrauch zu streichen sei. In meiner Gegenwart jedenfalls hat sich jeder daran gehalten.

Im folgenden Jahr würde ich es besser machen, schwor ich mir – beizeiten nach den Krummen schauen und baldmöglichst schießen.

Das Jahr kam und über Frühling und Sommer verblasste die Erinnerung an die Schlappe in Sachen Hasenbraten. Erst als der erste Frost einsetzte und die Bäume längst ihr kahles Wintergewandt angelegt hatten, rührte sich der Stachel im Fleisch meiner Jägerehre. Vorsichtig und wie nebenbei erwähnte ich zu Hause, dass ich bald dem Weihnachtshasen zu Leibe rücken wollte. Taktvoll blieb diese Bemerkung unkommentiert – was meinen Ehrgeiz nur noch mehr anstachelte.

So saß ich also eines Novemberabends an der Waldkante vor einem Feld mit gut aufgegangener Wintersaat. Wenige Tage zuvor hatte es geschneit. Dieser Schnee hielt nicht lange, reichte jedoch aus, um mir beim morgendlichen Abfährten einen gut belaufenen Hasenpass aus der benachbarten Dickung zu weisen. Guten Mutes harrte ich der Dinge, die da kommen sollten. Es wurde zusehends dunkler, was mich aber nicht weiter störte, denn der Mond war fast voll und strahlte ohne Wolkenbedeckung vom klaren Himmel. Ein Sprung Rehwild zog weit weg über das Feld und zeichnete sich als scharfer Schattenriss gegen den Horizont ab. Diese besondere Perspektive erinnerte mich wieder einmal daran, wie anmutig und grazil dieses »alltägliche« Wild doch eigentlich ist.

In der genannten Dickung tat sich etwas – schleifende Geräusche und leises Knistern waren zu vernehmen. Zuordnen konnte ich die Laute nicht, nur eines war gleich klar – mit Hasen hatte das nichts zu tun. Angestrengt lauschte ich in den Wald, bis ein kurzer Klagelaut die Gewissheit brachte, dass da Sauen unterwegs waren.

Da hockte ich nun, wartete auf den Krummen, der die nahende Festtagstafel zieren sollte und Hubertus hatte den Schalk im Nacken. Schickte er mir doch die Schwarzkittel, um mich auf die Probe zu stellen. Meine stille Hoffnung, dass diese wegziehen mögen und mich damit einer Entscheidung, was zu tun sei, enthoben, erfüllte sich nicht. Die kleine Rotte, eine Überläuferbache und vier schwache Frischlinge zog hinter mir ins Altholz und begann sofort zu brechen. Ich leuchtete mit dem Glas das ganze Feld ab, ein Hase war nirgendwo zu sehen.

Das ging nun nicht. Die Sauen brachen fast unter dem Hochsitz und ich schaute zu. Langsam drehte ich mich um, stellte mich mit dem rechten Bein auf die Leiter und zog das linke kniend auf die Sitzfläche. Das Manöver gelang, ohne dass die leisen, unvermeidlichen Geräusche die Truppe unter mir erreicht hätten. Es bestätigt sich eben immer wieder: Stehen die Sauen erst einmal vertraut im Gebrech, ist ihr sonst so ausgezeichnetes Gehör durch die eigenen Geräusche überlagert und man kann getrost selbst welche verursachen.

Mit dem Fernglas suchte ich zwischen den Bäumen, fand einen breitstehenden Frischling, tauschte schnell das Glas gegen den Drilling und führte den Zielstachel auf das Blatt. Der Schuss brach und ich hörte anschließend neben dem Krach, den die flüchtende Rotte verursachte, ein kurzes Schlegeln. Der Blick durch das Glas bestätigte, dass der Frischling dort lag, wo ich ihn beschossen hatte. Zufrieden nahm ich meine ursprüngliche Sitzposition wieder ein und überlegte, ob ich nicht sitzen bleiben sollte, um auf den Hasen zu passen. Was war schon weiter passiert? Ein einzelner Knall in der Landschaft, na und – das passierte auf der Straße und im nahen Dorf öfters.

Ich wartete also, aber nach einer knappen Stunde, als die vor mir liegende Bühne immer noch leer war, baumte ich doch ab. Man soll sein Glück nicht überstrapazieren und schließlich hatte ich mein Waidmannsheil gehabt.

Den geringen Frischling – er brachte aufgebrochen nicht einmal zwanzig Kilogramm auf die Waage – zog ich an den Bestandesrand und begann mit der roten Arbeit. Als ich mittendrin kurz aufschaue, fällt mir ein kleiner, rundlicher Hügel auf dem Feld auf, von dem ich meinte, dass er vorher nicht da gewesen sei. Schnell und vorsichtig säubere ich mir grob die Hände und angele das Fernglas, welches neben mir an einer der unteren Leitersprossen hängt. Tatsächlich, ein Hase! Sitzt ruhig – nur die Löffel ragen steil in die Luft. Die Entfernung taxierte ich auf knapp dreißig Meter.

Unendlich langsam legte ich das Fernglas weg und griff zum Drilling, der angelehnt ebenfalls an der Leiter stand. Das hat er aber dann doch nicht ausgehalten. Als ich in Anschlag gehe, zieht es Lampe vor den Sicherheitsabstand zu dem eigenartigen, rumorenden Gebilde am Waldesrand, um weitere fünfzehn bis zwanzig Meter zu erhöhen. Eine kluge Entscheidung, denn mit den Schroten kann ich ihn nun nicht mehr langen.

K. P. Reif

Als ich nach Hause fahre, stelle ich in einem Anfall von Selbstanalyse fest, dass ich gar nicht enttäuscht oder deprimiert bin, eher belustigt. Warum eigentlich?

Auch in jenem Jahr bekam ich den Hasen nicht. In den wenigen verbleibenden Tagen vor dem Fest hatte ich keine Zeit mehr und die kleine Stöberjagd brachte nichts zur Strecke.

Im dritten Jahr war ich beruflich ständig unterwegs. Ich setzte ein bisschen Hoffnung auf den bewussten Samstagnachmittag im Advent, an dessen Jagd ich unbedingt teilnehmen wollte – vielleicht klappte es ja dieses mal. Aber auch das sollte nicht gelingen, durch verschiedene Umstände kam ich erst spät in der Nacht auf den Sonntag aus dem Ausland nach Hause.

Als ich reichlich spät am folgenden Vormittag aufstand, hing ein Hase neben der Tür im Vorgarten. Die Hinterläufe waren sorgfältig zusammengebunden und dazwischen steckte ein zusammengefalteter Zettel. Darauf stand zu lesen: »Ich bin an Altersschwäche gestorben, aber durchaus genießbar. Frohes Fest!«

Ich war gerührt, aber auch ein bisschen beschämt. Mein dummer Ehrgeiz hatte mich das Angebot meiner Freunde immer wieder ablehnen lassen, dass sie für mich nach einem Weihnachtshasen Ausschau hielten. Ich meinte törichterweise immer, den müsse ich unbedingt selbst schießen.

Totgetrunken haben wir den Krummen dann zwischen den Feiertagen, wie sonst einen guten Hirsch. Auch heute noch wird in geselliger Runde gern an die Geschichte erinnert.

Wohl dem, der gute Freunde hat.

Roter Hirsch und Doppelflinten

Eine Schlussbetrachtung

Kultstatus hat er wohl schon immer gehabt, der große Hirsch unserer heimischen Wälder. Jedenfalls kann man das mindestens seit dem frühen Mittelalter eindeutig belegen. Dies setzt sich fort bis in jüngste Zeit. Die jeweils Mächtigen beanspruchten das Jagdrecht auf dieses Wild in unterschiedlicher Intensität für sich. Beim Besuch von Jagdschlössern oder Villen fehlt dann oft auch nicht der Hinweis, dass dieser oder jener Großkopfete hier seinen zighundersten oder gar tausendsten Rothirsch an der Wand habe. Mich beschleicht dann immer der Gedanke, dass die Herren – einem archaischen Triebe folgend – ihre Männlichkeit unter Beweis stellen wollten, die im Umkehrschluss also Defizite aufweisen musste. Oder war die widerliche Massenschlächterei nur Machtdemonstration auf dem Rücken der geschundenen Kreatur?

Wie auch immer, in jüngster Zeit ist nun ein neues Phänomen zu beobachten, nicht minder gefährlich und absurd. Mit typisch deutscher Gründlichkeit verfällt man in ein anderes Extrem und erklärt dieses Wild ausschließlich zum großen, rindenfressenden Schädling, der ausgerottet gehört. Dabei gehen zwei sehr unterschiedliche Gruppen von Zeitgenossen eine unheilige Allianz ein. Die einen fürchten um die Erträge ihrer Forsten und die andere Gruppe glaubt, das Schälen junger Bäume durch das Rotwild verhindere den Umbau der Wälder zu naturnahen Beständen. So unterschiedlich die Ziele der beiden Gruppierungen auch sein mögen – unisono ist man sich einig: Rotwild gehört totgeschossen!

Wieder andere glauben die Lösung des Problems mittels natürlicher Regulatoren herbeiführen zu können, Wölfen zum Beispiel. Dabei wird völlig ignoriert, dass die Landschaften Mitteleuropas nur noch zu einem winzigen Bruchteil geeignet sind, Wölfen und anderem Großraubwild wie etwa Luchs oder Bär dauerhaft als Lebensraum zu dienen. Wer dazu Erfahrungen sammeln möchte, besuche unsere Nachbarn im Norden und höre sich an, welche Probleme selbst in den riesigen skandinavischen Wäldern und der dortigen sehr geringen Bevölkerungsdichte auftreten.

Um dieses Thema auch nur annähernd ausreichend zu beleuchten, braucht es mehr als der Rahmen des vorliegenden Buches hergibt, vielleicht soll dies einmal an anderer Stelle geschehen. Vernunft und Augenmaß jedenfalls scheinen auf der Strecke zu bleiben. Aber so ist das eben, wenn man statt nachhaltiger Bewirtschaftung und Hege von Wald und Wild plötzlich ein »Management« und statt der Beobachtung der vielfältig zusammenhängenden Abläufe in der Natur ein »Monitorring« braucht.

Nicht jeder Jäger kann Rotwild ständig bejagen, soviel ist klar. Ich selbst hatte in den vergangenen Jahrzehnten das Glück, über lange Strecken in guten Rotwildrevieren waidwerken zu können, aber auch in solchen, in denen es bestenfalls als Wechselwild vorkommt. Die Abwesenheit einer bestimmten Wildart hat mir nie die Freude an unserer Passion genommen, auch nicht fehlendes Rotwild. Dennoch, eine besondere Faszination übt der Rothirsch zweifellos aus, wer wollte das bestreiten. Sollte der Inhaber eines gültigen Jagdscheines behaupten, diese Wildart ließe ihn kalt – verehrter Leser, glauben Sie ihm kein Wort! Sollte dem tatsächlich so sein, so ist er entweder gar kein richtiger Jäger oder er macht sich selbst etwas vor. Viele Jahre ist es her als ich ein besonders einprägsames Erlebnis hatte.

Es war Adventszeit und Frau Holle war wohl in einer eher melancholischen, unentschlossenen Gemütslage, denn was da als eine Neue sanft vom Himmel rieselte war spärlich. Fing man mit dem Handrücken ein paar Flocken auf, konnte man einen Moment lang sehr schön die kristalline Struktur erkennen bevor die Körperwärme alles wegschmolz. Nun hielt diese Wetterlage aber mehrere Tage an und die Schneedecke wuchs langsam, aber kontinuierlich bis sie etwa fünfzehn Zentimeter Höhe erreichte. Fast lautlos konnte man nun durch die Bestände pirschen, der watteähnliche weiße Belag auf dem Waldboden schluckte beinahe jedes Geräusch.

Ich war spät am Freitag Abend von einer dienstlichen Reise nach Hause gekommen und brauchte dringend ein paar Stunden Schlaf. Ich stellte mir den Wecker auf zwei Uhr in der Frühe, überhörte dessen Schellen beinahe und kam nur mit Mühe aus den Federn.

»Alkohol, Jungfrauen, Federbetten können dem Wild das Leben retten!«. Dieser Spruch fiel mir ein, als ich noch ziemlich benommen durch die Wohnung schlurfte. Alkohol und Jungfrauen fielen aus und so hatte ich also nur der Versuchung des warmen Federbettes zu widerstehen, was aber beim ersten Blick aus dem Fenster sofort kein Problem mehr darstellte. Hell strahlte der volle Mond in den Garten hinter dem Haus. Rasen, Sträucher und Obstbäume reflektierten das nächtliche Licht mit ihrem weißen Überzug und augenblicklich war ich hellwach. Wenig später war ich auf den um diese Zeit beinahe leeren Straßen unterwegs ins Revier und glitt voller Vorfreude durch die helle, schneeglänzende Landschaft.

Im Wald angekommen, streifte ich mir erst einmal mein Schneehemd über das grüne Lodenzeug, welches in Bettwäsche, die im heimischen Haushalt ausgemustert worden war, seinen Ursprung hatte. Von geschickten Frauenhänden, sozusagen maßgeschneidert, besaß es genügend Taschen, in denen ich die wichtigsten Utensilien griffbereit verstauen konnte. Dann ging ich los, sacht und behutsam, blieb immer wieder stehen und leuchtete mit dem Fernglas weit in den alten Buchenbestand hinein. Vor allem verhörte ich angestrengt. Der kundige Schwarzwildjäger weiß, dass man gerade bei nächtlicher Pirsch in kalter, klarer Luft die schwarzen Gesellen oft zeitiger hört als sieht. Allerdings ist auch hier die Regel nicht ohne Ausnahme. Bei entsprechender Schneedecke habe ich schon ganze Rotten so leise im Gebräch stehen sehen, dass nichts zu hören war, selbst auf kurze Entfernung nicht, außer wenn sich gerade mal zwei bissen oder keilten. Und so war es dann auch: Kaum dreißig Meter vor mir zieht plötzlich ein einzelnes Schwein aus einer kleinen Bodensenke heraus. Langsam und ganz vertraut, kaum ein mal verhoffend und irgendwie zielstrebig, hatte ich den Eindruck. Kein Überläufer mehr, aber auch noch nicht jagdbar sprach ich den Keiler unkompliziert an. Ich stand stocksteif und ließ ihn vor mir den Waldweg passieren. Kaum ein Laut war zu hören, nur als er den Weg vor mir überfiel, brach ein bisschen Schnee in eine einzelne Fahrspur und erzeugte ein leises, kaum wahrnehmbares Geräusch. Ich verfolgte den Weg des Schwarzkittels mit dem Fernglas bis er hinter einer Bodenwelle verschwand.

Als ich dann selbst bis zu der Stelle des Überwechselns kam, wurde mir die Situation klar und bestätigte meine Vermutung: Der schwarze Herr war auf Freiersfüßen! Die Fährten einer ganzen Rotte standen auf dem Weg und führten in den Nachbarbestand hinein. Dieser war der Keiler gefolgt. Hier und da sah man auch ein wenig aufgeworfenes Laub auf dem Schnee liegen, die Schwarzkittel hatten es offensichtlich nicht eilig und brachen ab und zu ein bisschen. Ich wusste, dass sich der alte Buchenbestand als großer Komplex noch weiter fortsetzte und so kam mir eine Idee in den Sinn. Warum pirschte ich nicht einfach hinterher? In der fünften Stunde am Morgen war die Chance noch gut, dass die Rotte irgendwo in dem weiträumigen Altholz im Gebräch stand. Der Mond stand mittlerweile zwar tiefer, aber da jeder Ast und kleine Zweig weiß überzuckert war, hätte ich den treuen, leuchtenden Kameraden dieses Mal eigentlich gar nicht gebraucht.

Also pirschte ich auf der Fährte der Schwarzkittel langsam und leise vorwärts, immer wieder verhörend und stets gewärtig, hinter der nächsten Bodenwelle auf die Sauen zu treffen. Immer weiter kam ich voran, glaste sorgfältig ab – von den schwarzen Gesellen war jedoch nichts zu sehen. Nach einer kleinen Stunde erreichte ich den Saum des alten Buchenwaldes und das angrenzende Feld. Ich blieb etwa dreißig oder vierzig Meter vor dem Übergang zur Feldflur im Walde stehen und leuchtete die große, weiße Fläche mit dem Glas ab. Zunächst war kein Stück Wild zu sehen, nur hier und da wurde die glatte, gleichmäßige Schneedecke von braunen Einsprenkelungen unterbrochen. Offensichtlich hatten die hungrigen Waldbewohner die Rapspflanzen freigeschlagen, welche im Herbst noch gut aufgegangen waren, wie ich wusste. Plötzlich sah ich mehrere große Wildkörper aus einer der zahlreichen Bodensenken herauswechseln. Der Blick durch das Fernglas bestätigte sofort – ein Hirschrudel! Langsam zog der Trupp in meine Richtung, verhoffte ab und zu und äste am Raps. Ich versuchte am Habitus eine grobe Altersansprache und stellte fest, dass ein richtig alter Herr offensichtlich nicht dabei war.

Immer näher kam das kleine Rudel, zog schnurstracks in meine Richtung. Ich musste mir etwas einfallen lassen, mich schnell verbergen. Erst wollte ich mich hinter einen der starken Buchenstämme stellen, doch als ich mich nach einem passenden Exemplar umschaute kam mir eine andere Idee. In der Nähe lag eine vom Wind geworfene Buche mit einem hochstehenden Wurzelteller. Einer Eingebung folgend setzte ich mich in das durch den Windwurf entstandene Loch, den Wurzelteller im Rücken. Dann legte ich den Drilling über einen Strang des Wurzelwerkes, zog die Knie an den Leib und bedeckte diese mit den Schößen des Schneehemdes. Anschließend zog ich die Kapuze über den Kopf tief ins Gesicht und verschmolz dergestalt mit meiner Umgebung. Ein prüfender Blick bestätigte mir, dass das Rudel die Richtung des Einwechselns nicht geändert hatte und weiter auf mich zuhielt. Trotz der stimmungsvollen, angespannten Atmosphäre erwischte ich mich bei dem zugegebenermaßen reichlich abwegigen Gedanken, wie ein Maler wohl das Bild titulieren mochte, wenn er mich in dieser Position abbilden würde. »Frierender, bewaffneter Mönch im Schnee« oder etwas fiel mir ein – ich ließ es dann besser. Es wurde dann auch gleich hochspannend. Die Hirsche hatten den Waldrand passiert und zogen unverändert auf mich zu. Die besondere, seltene Perspektive, aus der ich das Wild auf mich zuwechseln sah, hatte etwas unwirkliches, zauberhaftes. Ich schaute von unten nach oben, im Vordergrund die Hirsche langsam, leise und majestätisch zwischen den starken, alten Buchenstämmen, im Hintergrund der tiefstehende, volle Mond über der weiten weißen Fläche des Feldes. Als das Rudel eine kleine Gruppe hochgewachsenen Buchenaufschlag passierte, streifte ab und zu eine Geweihstange an den Stämmchen und kleine Kaskaden des Schneeüberzuges der Äste und Zweige fielen sacht herunter. Dabei blitzten die Flocken vor der großen, runden Scheibe des Mondes für Sekundenbruchteile auf und hüllten die Tiere in einen kurzen Schauer wie von reinsten Juwelen. Gebannt verfolgte ich das einzigartige Schauspiel, völlig verzaubert von soviel Anmut und Schönheit. Der erste Geweihte war mittlerweile auf weniger als zehn Meter herangekommen, verhoffte und äugte trotz meiner völligen Regungslosigkeit unverwandt zu mir. Die Anderen taten es ihm nach und so verharrten wir minutenlang. Ich versuchte möglichst flach zu atmen um nicht durch kondensierende Wölkchen in der frostklaren Luft verraten zu werden. Dann zogen die Hirsche in einem kleinen Bogen um mich herum tiefer in den Bestand, langsam, völlig vertraut und kaum vernehmbar.

Ich saß noch eine ganze Weile, tief beeindruckt und mit einem stillen Glücksgefühl über das seltene Erlebnis. Wer wollte sich einer solchen Faszination entziehen?

Jene allerdings, die nur danach streben viele Geweihe an den Wänden zu haben, möglichst noch oberhalb von zweihundert Punkten in der Trophäenbewertung, sind eigentlich arm. Man könnte diese Leute fast bedauern – wenn sie nicht so gefährlich für das öffentliche Erscheinungsbild der Jagd in unserer modernen Zeit wären und den Gegnern des Waidwerkes jedweder Couleur in die Hände spielen würden. Im Grunde sind jene Herren alle gleich – ob feudaler Fürst, hoher Politfunktionär oder neureicher Großbürger – an Anzahl und Stärke ihrer Rotwildtrophäen meinen sie gemessen zu werden. Mag sein, dass die rezenten Vertreter dieser Gruppe einen gültigen Jagdschein erwerben und eine Prüfung ablegen mussten – ein Waidmann und hirschgerechter Jäger sind sie deshalb noch lange nicht und werden es mit besagter Einstellung auch nicht werden, niemals!

Vor Jahren betrat ich das Haus eines Geschäftspartners und fand eine lange Wand voller Geweihe, kapitale und hochkapitale Trophäen darunter. Aber da hingen auch Sechser, Achter und selbst ein paar Rotspießer fanden sich wohlplatziert. Voller Leidenschaft erzählte der Jäger wie er diesen oder jenen geringen Hirsch streckte oder welche Bewandtnis es mit den Spießern hatte. Der Mann hatte sofort meine Sympathie. Damals schon älteren Semesters, war diese Trophäenansammlung das Ergebnis eines langen Jägerlebens und ich gönnte ihm die starken, reifen Hirschgeweihe von Herzen, da er die Geringen auch in Ehren hielt und so eine vornehme, waidgerechte Einstellung zum Ausdruck brachte.

Über die Jagd auf den roten Hirsch im Osten Deutschlands bis zur politischen Wende ist in den letzten Jahren viel geschrieben worden, viel Wahres aber auch mancher Unsinn. Ein paar Anmerkungen seien mir erlaubt.

Wie in allen Zeiten spielte das Rotwild auch im damaligen Jagdsystem eine besondere Rolle. Wie eingangs aufgeführt nahmen sich die, die das Sagen hatten, auch hier das Recht, besonders gute Rotwildgebiete für sich zu requirieren. Die wohl legitime Verfahrensweise, auch anderer Länder Sonderjagdgebiete auszuweisen wurde dergestalt pervertiert, dass jene Areale im Laufe der Jahre immer mehr wurden, sich immer weiter ausdehnten und oftmals nur einer Person vorbehalten waren. Diese unselige Entwicklung gipfelte in einigen wenigen Gebieten in einen sogenannten Jagdbetrieb, der nichts weiter war als massenhafte Zucht von Wild mit widerlichem, massenhaftem Abschuss. Aber auch hier muss man sorgfältig differenzieren – in manchen Sonderjagdgebieten wurde beispielsweise ein verantwortungsbewusster Waldbau betrieben. Wer das nicht glauben kann, gehe hin und schaue sich die Bestände in jenen Revieren an. Die artenreichen, vielschichtigen Waldgebiete mit Naturverjüngung, Unterbau etc. sind schließlich nicht erst Anfang der neunziger Jahre vom Himmel gefallen.

Bei der Abschussplanung in den normalen Jagdgebieten wurde der Altersklassenaufbau zu Grunde gelegt und die wenigen Hirsche im Erntealter namentlich jährlich neu vergeben. Freilich spielte dabei das gesellschaftliche Engagement eine mehr oder minder große Rolle. Was wäre in diesem Zusammenhang aber dagegen zu sagen, dass sich Jäger X oder Y nebenher in der örtlichen Feuerwehr im Katastrophenschutz oder dem Kulturverein engagierte?

Prinzipiell hatte jedes Mitglied einer Jagdgesellschaft, auf deren Gebiet Rotwild vorkam, die Option, irgendwann mit einem reifen Hirsch »dran« zu sein. Auf jeden Fall aber ist die immer wieder zu hörende Behauptung, starke Hirsche seien ausschließlich von hohen Funktionären geschossen worden einfach nur dummes Zeug. Interessanterweise werden solche Klischees immer wieder von selbsternannten Widerständlern gestreut, die sich auf wundersame Weise auch unter der Jägerschaft nach wohlgemerkt vollzogener Wende erstaunlich vermehrt haben.

Staunend hörte ich beispielsweise von einem Rotwildpapst Anfang der neunziger Jahre, der einen sehr hohen Offizier aus dem Sicherheitsbereich zur Jagd geführt hatte und mehrere eigene Waffen besaß, dass er verfolgt worden sei. Es verschlug mir die Sprache – ein eher seltener Vorgang.

Bei mir hat es Übrigens zu einem Erntehirsch in jenen Jahren nicht gereicht. Erst hatte ich lange keinen frei und als ich kurz vor der Wende einen hätte waidwerken können, habe ich schlicht keinen bekommen – so einfach ist das.

Allerdings hatten die Großkopfeten jener Zeit ein anderes Problem, Paranoia nämlich. Dies trieb die abstrusesten Blüten. So konnte es beispielsweise passieren, dass sich ein hochrangiger Funktionär spontan entschloss in einer bestimmten Gegend zu nächtigen. Dann wurden alle Hebel in Bewegung gesetzt und die Jagd für diesen Zeitraum sofort untersagt. Durch die geringe Telefondichte wurde die Order durch mobile Boten verbreitet. Mir ist es passiert, dass mich ein solcher nicht erreichte. So schwang ich mich an einem Samstag am Morgen auf mein Motorrad und fuhr durch die kalte Winternacht zum schon länger vereinbarten Treffpunkt mit einem Waidkameraden, der extra gekommen war nur um mir mitzuteilen, dass die geplante Pirsch ausfallen müsse, da der Funktionär X in der Nähe übernachten würde. Die Ausdrücke die ich bezüglich des schlafenden Herren verwendete, wären vermutlich an sich schon ein Verfahren wert gewesen – jedenfalls blieb mir nichts weiter übrig als nach Hause zu fahren.

Die Sache hatte dann noch ein innerfamiliäres Nachspiel. In der heimischen Wohnung angekommen, schlüpfte ich wieder unter die Bettdecke und berührte dabei mehr oder weniger unabsichtlich mit meinen durch die lange Fahrt eiskalten Läufen meine friedlich schlummernde Frau. Diese, abrupt aus ihren Träumen gerissen verließ mit einem katzenartigen Satz das eheliche Lager und beschied mir diverse Freundlichkeiten an deren Aufarbeitung ich dann noch Stunden zu tun hatte.

Jagdwaffen waren ein Politikum. Deshalb durfte auch ein Großteil der Jägerschaft keine eigene Waffe besitzen. Die in Waffenstützpunkten eingelagerten waren oft nur teilweise Kugelwaffen und wurden turnusmäßig getauscht. Ich habe Waidkameraden erlebt, die Ihre Urlaubstermine so legten, dass in dem bewussten Zeitraum Vollmond war und sie dann auch gerade eine Büchse oder den Drilling zur Verfügung hatten.

Einen großen Teil des Schalenwildes brachten wir also mit diesen Flintenlaufgeschossen zur Strecke. Welche enormen Stückzahlen an Wild das waren, kann man in den Statistiken jener Jahre nachlesen.

Eine gute Seite hatte das dann irgendwie doch, namentlich für die jüngeren Waidgenossen. Man musste nämlich ran, dicht ran an das Wild. Diese Übungsstunden im jugendlichen Alter dürften für manchen von uns ein nachhaltiges Lernen gewesen sein. Der frischgebackene Jungjäger heutigen Tages kauft sich als erste Amtshandlung ein Schießgerät mit gezogenen Läufen und streckt von der hohen Warte einer Kanzel sein erstes Stück Wild auf einhundertzwanzig oder mehr Meter.

Dagegen schoss ich damals, gerade zwanzig Jahre alt, mein erstes Stück Rotwild an einem frostigen, klaren Morgen im Dezember mit einer Doppelflinte im Kaliber sechzehn ohne Zielfernrohr. Ich setzte mich auf einen kleinen Hügel in einem raumen Alteichenbestand, etwa dreißig Meter neben einen Wechsel auf einen Stubben. Als ich aus Richtung Feldflur Wild anwechseln hörte, verbarg ich mich hinter einem Stamm. Ein kleines Rudel Kahlwild zog langsam zu Holze, zwei Kälber dabei. Eigentlich waren beide der Stärke nach kaum zu unterscheiden, dennoch visierte ich auf das Stück, von dem ich meinte, dass es etwas schwächer sei. Als das volle Korn mitten auf dem Blatt stand, zog ich den Abzug langsam durch und der Schuss brüllte seine Gewalt in die morgendliche Stille hinein.

Hochflüchtig ging das Rudel ab und mir schlug das Herz bis zum Halse. Ich zwang mich zur Ruhe, rauchte und ging anschließend zum Anschuss. Außer tiefen Eingriffen im gefrorenen Laub fand ich zunächst gar nichts. Doch nach fünfzehn oder zwanzig Metern lagen einige Tropfen Schweiß auf dem überreiften Waldboden und gleich sah ich auch in einiger Entfernung das Stück in der Fluchtfährte des Rudels liegen. Ein glücklicher Tag, der mir wohl zeitlebens in lebhafter Erinnerung bleiben wird.

Als ich nun vor einigen Jahren während einer Drückjagdpause am Feuer stand schwadronierte ein Herr lauthals und bestimmend über Waffen und Kaliber. Dem erzählte ich nun von der Erlegung meines ersten Stückes Rotwild mit einem Flintenlaufgeschoß im Kaliber sechzehn und riet ihm freundlich, doch nicht über Dinge zu urteilen, die er nur dem Hörensagen nach kenne. Das brachte den Mann aber nur noch mehr in Rage. Schließlich wisse jeder Anfänger wie unwaidmännisch es sei, Schalenwild überhaupt und Rotwild insbesondere mit etwas anderem als der Kugel zu beschießen. Dann stellte sich heraus, dass der gewaltige Nimrod Rotwild überhaupt noch nicht und Sauen nur während einer Auslandsjagdreise beschossen hatte. Ich war versucht den Götz zu zitieren, unterließ es aber mit Rücksicht auf die Forstbeamten, die diese Jagd wie stets hochprofessionell und mit viel Wissen um die Tradition durchführten. Es ist wie in anderen Bereichen auch – es gibt eben solche und solche, mit beiden muss man leben.

Damit soll es vorerst genug sein. Turbulenzen und auch Ärger rund um die Jagd hat es immer wieder und zu allen Zeiten gegeben. Aber auch immer wieder haben sich aufrechte Waidleute gefunden, welche die schlimmsten Gefahren abgewendet haben – aus Liebe zum Wild, zur Natur. Dies sollte, denke ich, auch künftig einer Orientierung wert sein.

Mir selbst fällt bei jedwedem Ungemach und Zukunftssorgen hinsichtlich des Waidwerkes immer mal wieder jener Vers ein, den Franz von Kobell vor langer Zeit prägte:

Und wenn es nicht ums Jagen wär',
als früh durch den Wald zu streifen,
zu hören, wie der Kuckuck ruft
und wie die Finken pfeifen.
Den Schwätzern aus dem Weg zu gehen
und keinen Narren mehr zu sehen,
Wär' schon genug der Lust dabei
zum Lob der edlen Jägerei!

Eine kleine Auswahl aus unserem großen Programm

Herbert Krebs
Vor und nach der Jägerprüfung
Seit Jahrzehnten ein Begriff, jetzt völlig neu konzipiert – mit zeitgemäßem Lernkonzept, 332 Seiten mehr und 1100 überwiegend neuen Fotos und Zeichnungen: der aktuelle Wissensstand aus allen jagdlichen Bereichen, vermittelt in Einführungstexten und 5000 Prüfungsfragen mit ausführlichen Antworten.
ISBN 978-3-8354-0085-6

Fritz Nüßlein
Das praktische Handbuch der Jagdkunde
Das anerkannte Standardwerk für Ausbildung und Praxis: der aktuelle Wissensstand zu Jagdrecht, Wildkunde, Jagdbetrieb, Wildkrankheiten, Jagdhunden, Waffenkunde, Natur- und Umweltschutz, Land- und Waldbau.
ISBN 978-3-8354-0020-7

Bruno Hespeler
Erfolgreich jagen
Das Know-how erfahrener Jäger – im handlichen Einsteckformat: fundiertes Wissen aus der Praxis für die Praxis und bewährte Tricks rund um Wild und Jagd; mit Tipps für die Vorbereitung eines Jagdurlaubs.
ISBN 978-3-8354-0340-6

Francis Ray Hoff
Hähne, Hasen & ein Hirsch
Die einzigartige Kombination von Bildband, Lese- und Kochbuch; Erinnerungen an Jagderlebnisse in den österreichischen Bergen, in deutschen Revieren, in den schottischen Highlands; mit 50 Wildgerichten – köstlich zubereitet und appetitlich fotografiert.
ISBN 978-3-8354-0342-0

Paul Dahms
Wild und Jagd
Die schönsten Landschaften vom Darß über die Lüneburger Heide, Harz, Rhön und den Thüringer Wald bis zu den Alpen: Wildtiere und Jagdgeschichte(n) mit Fotos der besten Naturfotografen.
ISBN 978-3-405-16652-6

BLV Bücher bieten mehr:

- mehr Wissen
- mehr Erfahrung
- mehr Innovation
- mehr Praxisnutzen
- mehr Qualität

Denn 60 Jahre Ratgeberkompetenz sind nicht zu schlagen!

Dass Sie sich gut beraten fühlen – das ist unser Ziel. Falls Sie Fragen und/oder Anregungen haben, schreiben Sie uns bitte:

BLV Buchverlag GmbH & Co. KG
Lektorat · Lothstraße 19
80797 München
Postfach 40 02 20
80702 München
Telefon 089/12 02 12-0 · Fax -121
E-mail: blv.verlag@blv.de

Unser Buchprogramm umfasst über 750 Titel zu den Themen **Garten · Natur · Heimtiere · Jagd · Angeln · Sport · Golf · Reiten · Alpinismus · Fitness · Gesundheit · Kochen.** Ausführliche Informationen erhalten Sie unter **www.blv.de**

blv

MEHR ERLESEN!